籁籁 / 著

籁籁带着便当去上班

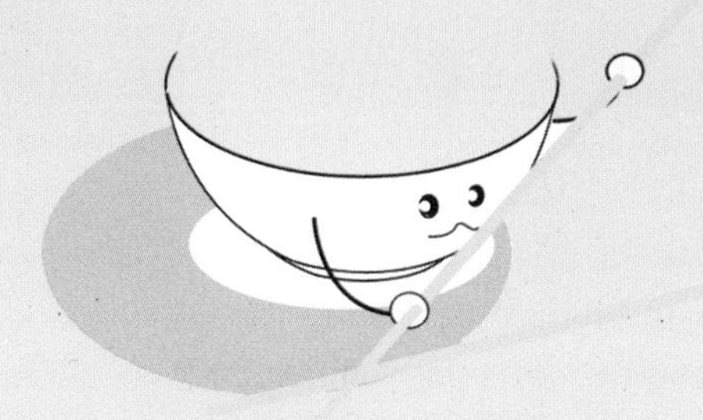

浙江出版联合集团
浙江科学技术出版社

图书在版编目(CIP)数据

籁籁·带着便当去上班 / 籁籁著. —杭州：浙江科学技术出版社，2014. 3
ISBN 978-7-5341-5931-2

Ⅰ. ①籁… Ⅱ. ①籁… Ⅲ. ①食谱
Ⅳ. ①TS972.12

中国版本图书馆 CIP 数据核字(2014)第 017341 号

书　　名　籁籁·带着便当去上班
著　　者　籁籁
绘　　图　王林涛

出版发行　浙江科学技术出版社
杭州市体育场路 347 号　邮政编码：310006
联系电话：0571-85058048
浙江出版联合集团网址：http://www.zjcb.com
图文制作　杭州兴邦电子印务有限公司
印　　刷　杭州丰源印刷有限公司
经　　销　全国各地新华书店

开　　本　787 × 1092　1/16　　印　张　11.75
字　　数　184 000
版　　次　2014 年 3 月第 1 版　　2014 年 3 月第 1 次印刷
书　　号　ISBN 978-7-5341-5931-2　　定　价　42.00 元

责任编辑　宋　东　李骁睿　　责任美编　金　晖
责任校对　梁　峥　　责任印务　徐忠雷
特约编辑　田海维

谨以此书献给那些热爱美食
热爱生活的女人们

前言

我的便当，我的午餐！

这是一本关于便当的书！我的编辑跟我说，要做一本有感情的食物书，做一本类似"午餐便当圣经"一样的书感动死网友。

有幸"遭遇"这样对脾性的编辑真是让我欢喜让我愁！大笑之余我开始认真思索美食的神奇力量。什么样的食物能带给人感动?什么样的便当能让人牵肠挂肚?什么样的料理能让人品出幸福的滋味?

美食人生中那些荡心回肠的情缘，不外乎是一段段不可割舍的食缘，在水泥森林的都市中，那些游走、找寻、守望，很难绕过餐桌而行，或者可以这么说，人世间的冷暖，不外乎对一汤一羹的家常的憧憬。一口锅，一把铲，掂锅翻炒，伴随着锅碗瓢盆的奏鸣曲，粒粒晶亮的米饭在锅中跳跃、飞舞……一份妈妈牌的蛋炒饭开启了我生命中对便当的最初记忆，一盒出自妈妈双手的质朴便当，盛满儿时吮吸回味的诱惑。许多年后，不曾想我的孩子也会爱上这份用心的妈妈炒饭，当他扬着空空的小碗，将它伸到我面前脆声地说道：妈妈，我还要，我还要……我仿佛看到了童年时的自己，伸着小碗仰着头站在妈妈跟前……美食常常不经意间传递着情感，光阴荏苒仍让人痴迷。

一份便当，是一份心意满满的关爱，关爱家人，关爱自己。浮躁的社会充斥着太多的功利，诸多的不可确定因素让我们"不放心"！不放心把自己和家人的健康交付给卫生状况堪忧的街边店，托付给浓油重口高热量的大小食肆，或甩手给一家家有标志性气味且营养失衡的快餐店，更不希望他(她)的午餐用一袋袋多糖高钠的零食或单一的水果来草草解决了事。那么，欢迎进入便当族行列，用新鲜的食材、健康的烹饪方式来制作放心便当，带着它去上班。

每个人都会多多少少有惰性，大声地告诉自己：做便当，快乐大于技巧，大于“装备”。美食和烹饪都是老天对人类的恩赐，不需要上天入地搜罗珍稀食材，不需要配备多么高档的厨用神器，鸡鸭鱼肉蛋，各色时令菜蔬瓜果，善用我们身边随手可得、俯首皆是的平凡食材，用心去烹饪，家常食材也同样可以成就一道道为家人、朋友所喜爱的便当美食。

材料齐备，可以着手制作靠“谱”（菜谱）的美食；如若不巧，突然发现缺了菜谱中的一种、两种材料，也没什么关系，可以替换或者省略，只要你怀着快乐和自信的心态顺势做下去，出来的也未尝不是美味，说不定还是你的独门风格呢！靠“谱”的美食固然好，不靠“谱”的料理未必就不好。厨房是一个人的江湖，随心随性些吧！谁说非得三杯鸡？我也可以三杯皮蛋、三杯豆腐啊；谁说只能有宫保鸡丁，只要我愿意，“宫爆榨菜”一样可以“饭遭殃”；谁说豆腐一定要像麻婆豆腐那样又麻又辣才好吃，遇到家里有不能吃辣的主儿，我就不撒红辣粉，改加番茄酱，红艳艳出场的改良版也能让人惊艳之余大快朵颐……

我的便当我做主，从新手厨娘到超级大厨，唯手熟尔，遍尝美食的舌头认准的世间最美味永远不会出自米其林星级大厨。每天都要做的事情，更要怀着一颗快乐的心去做好它！既然是快乐的事情，就不要用那么多条条框框来限制自己，好吃健康是王道，慢慢摸索，总能找到最适合自己和家人的那一款，然后反复操练吧！相信不久的将来，这道菜就会贴上你的标签，老公会自豪地在朋友们面前夸赞“×××是我老婆的拿手好菜”，孩子也小影子似地缠着你，围在灶台边踮着脚尖跟你说“妈妈，妈妈，我还要！”你就抿着嘴偷着乐吧！快乐在一道道便当美食中传递，平凡的人间幸福就这么简单成就。

65道便当食谱能够辑结成集，在这里，我要感谢我的家人，特别是我的孩子、我的亲密爱人！你们是我每道菜品的“小白鼠”，是你们的支持、理解和由衷的赞誉，让我坚持、坚定。我要说句最朴素的情话：敝私家小厨，一天24小时，一周7天，一年52周，有生之年……永远为你们开放！是的，我愿为你、为你们做一辈子的饭，这辈子，下辈子，再下下辈子！

最好吃的食物永远出自妈妈的双手，永远来自家乡的水土和记忆。味觉的乡愁，或许比任何一种思念更让人魂牵梦萦，用舌头记忆，用美食慰藉乡愁！花点时间放慢心情，学会用烹饪来关爱自己，关爱我们至爱的人，我想，或许这就是我多年便当族生活的最大收获与心得。

簌 簌

2013年12月

目　录 Contents

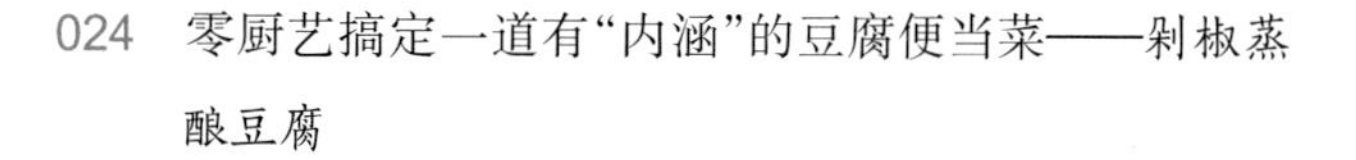

贴心又好吃的 妈妈味便当

老公最爱的
下饭便当

暖心又暖胃的
治愈系营养汤煲便当

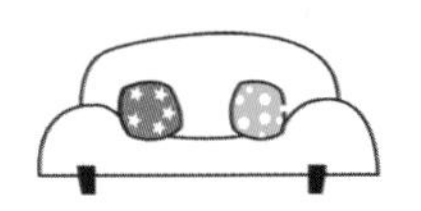

最受白领们追捧的 瘦身便当

high 翻周围同事的 花色便当

十分钟就能搞定的 便携式甜蜜便当

便当入门

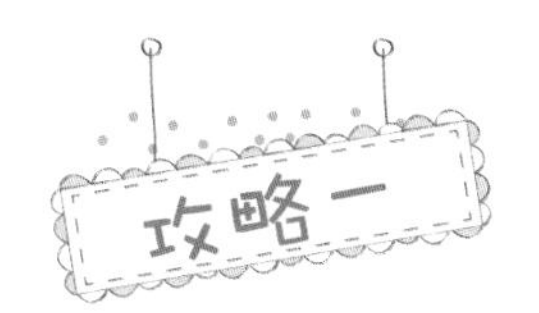

瞧，自制便当多么容易！我都迫不及待地想跟你一起进入精彩的便当世界，分享一个又一个家人朋友乐享的便当食谱了。但是，打住，按捺一下我急切的心情。让我设想一下，翻开此书的你有可能十指不沾阳春水，或许故事还如当年的我一般，为了梦想，为了外省的爱情，执拗地离开父母的羽翼，追随着他或孤身一人远离故乡，辗转于城市与城市之间。厨艺的大江湖，就这样贸贸然地“杀”将进来，没有妈妈温暖的牵引，没有妈妈手把手地教做第一道菜，想想真是人生一大缺憾，但能怎样呢?有得有失罢了。“今来为君做羹汤”，没有妈妈在身边，只能靠宝典“自救”喽。

最最初级的入厨基础篇，献给新手厨娘的你！揭开厨房神秘的“面纱”，感受它流露出的最家常的表情……

锅具篇

工欲善其事，必先利其器，家庭小厨房常用的锅具有电饭锅、炒锅、不粘锅、沙锅、高压锅等。

电饭锅 烹煮米饭为主，入厨必备。多功能的电饭锅还可以煲汤煮粥，做煲仔饭、蛋糕等，一锅多用。电饭锅通常配备有蒸格，好好利用它，煮饭的同时蒸制肉饼、蛋羹，或蒸薯类粗粮等，节能省电且一举两得。

炒锅 炒锅中，铁锅是最传统、最常见的。铁锅分生铁锅和熟铁锅两种。生铁锅是浇模铸造，耐高温，较重手；熟铁锅是人工打造的，锅耳用铆钉码在锅边上，锅身轻，但容易变形，不如生铁锅耐用。铁锅比多数合金锅传热快，最适宜烹饪中式菜肴，且可补充有益身体的微量元素“铁”。但是铁锅初期养护较麻烦，保养不得法时易起锈。

不粘锅 不粘锅是厨艺入门、初级阶段较好的选择。食物不易黏糊在锅底，清洗容易，但锅具的不粘层容易被刮破，切忌用金属铲子或辅助厨具与锅面接触。而且要注意，炒菜时不能像使用铁锅那样烧至灼热。

沙锅 秋冬季来个热乎乎的沙锅菜、沙锅粥，最是暖心熨胃。但沙锅的养护更要精心，初次使用不当会容易出现裂纹。用新沙锅煮煮淘米水或煮上一锅粥，可以有效弥补沙锅上肉眼看不出的细小孔隙、沙眼，延长使用寿命。还要注意，每次点火加热之前先将锅底的水擦干，用小火预热再转大火。

高压锅 高压锅是上班族的厨房好帮手，可以大大缩短食材的烹饪时间。

此外，慢炖锅、电紫沙锅等锅具也是一键操作、解放劳动力的好厨具。

调味品篇

善于烹调的人，对酱、料的具体种类分得很细，虽然我们不一定要达到那样的水平，但知道各种调料的不同及其特征，烹调起来会更得心应手。

盐 盐是百味之主，不仅能调和滋味，还有渗透、防腐和加速蛋白质凝固的作用，通常评判菜肴的第一条标准就是放盐量是否精准。

盐大致分为三类：

精盐：一般做菜用。

餐桌用精盐：经过防水处理，不容易潮湿，不易被水溶解，用于煮蛋及沙拉等食物的调味。

粗盐：用于腌制泡菜、做咸鱼等。烤制肉食时使用也别具风味。

红色豆酱：红色，很辣，一般夏天食用。

白色豆酱：白而甜，一般冬天食用。

将红、白豆酱混合在一起，味道很不错。

酱油

老抽：所含盐分较少，颜色却很深。多用于红烧、酱烧类菜品，或腌制泡菜。

生抽：制作时没有用火，所以味重且香。

颜色浅淡酱油：颜色浅，但含盐分多，非常咸。用于汤菜调味。

油

动物油：猪油的原料是猪的脂肪，在油炸东西时可以加入少许猪油；牛油的原料是牛的脂肪，用于烹制牛排。

植物油：以花生、大豆、玉米、油菜子、芝麻、棉子、米糠、向日葵、红花等为原料制成，种类繁多。

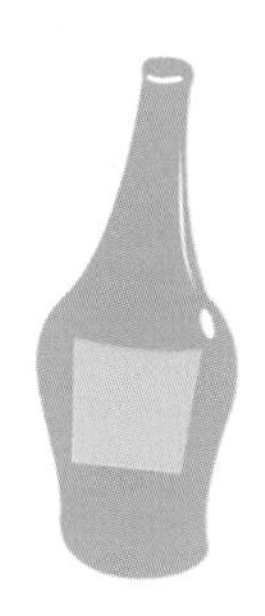

醋 一般按制作方式可分为酿造醋、合成醋，以酿造醋品质较好。

酿造醋：用大米及酒糟、果酒等材料发酵而成，具有独特风味。根据所用原料的不同，味道也不同。

合成醋：以水稀释醋酸，然后加入调料制作而成，气味冲鼻。

料酒 以糯米或小米为原料制作而成，做菜时加入料酒能给鱼、肉类食材去腥提鲜，使菜肴增加香甜风味。

看懂菜谱之油温篇

对于厨房新手来说，拿起一本菜谱，最令人头大的就是油温怎么鉴别。为什么要烧到这个温度?什么菜要什么油温?别急，待我细细道来。油温是指食用油下锅后加热达到的温度。烹饪用油的温度一般在60～220℃之间，大致分为旺油(高温)、热油(中温)、温油(低温)。

旺油锅

油温成数：七八成热

识别方法：油温在170～220℃之间，油面平静，冒青烟，搅动时有炸响声。

适用范围：适宜于火爆杂拌、干烧岩鲤、凤尾腰花等炝爆、重油炸炒的菜肴，有脆皮、凝结原料表层使之不易碎烂等作用。

热油锅

油温成数：五六成热

识别方法：油温在110～170℃之间，锅沿有少量青烟向锅中间翻动，油面泡沫消失，搅动时有微响声。

适用范围：适用于干煸牛肉丝、软炸虾糕、小煎鸡等炸、炒、煎、干煸的菜肴，有酥皮增香、使食材不易碎烂的作用。

温油锅

油温成数：三四成热

识别方法：油温在60～110℃之间，油面微动，有泡沫，无青烟，无响声。

适用范围：适宜于熘鸡丝、鸡火白菜、三鲜鸡糕等熘、滑和浸炸的菜肴，有保鲜嫩、除水分等作用。

油温的掌握是一项比较复杂的技术，一般只能凭实践经验来鉴别。除了正确识别油温外，在具体烹制菜肴时，还要结合火力大小、原料质地、投料多少，以及菜肴对烹制技法与用油量的要求等来灵活掌握适当的油温。

看懂菜谱之计量单位换算篇

翻开任何一本菜谱书，会看到各种各样的烹调用语，其中油盐酱醋的计量单位换算是极易让人犯迷糊的。要熟知并精确把握，建议购买一套量勺，量勺一般4把一套，包括1汤匙、1茶匙、1/2茶匙、1/4茶匙；更精确的量勺套装还包括1/3茶匙、1/8茶匙等。

量取液体状调料时，以满而不溢出为准：

1汤匙＝15毫升　1茶匙＝5毫升　1/2茶匙≈3毫升　1/4茶匙≈1毫升

量取粉状或颗粒状调料时，以盛得平满为准：

1汤匙≈15克　1茶匙≈5克　1/2茶匙≈3克　1/4茶匙≈1克

少许：如“少许盐”指的是两根手指所捏起的分量。

适量：即按照个人口味增减分量，例如“适量糖”，指的是糖的分量随个人喜好调整，喜欢甜味的人可以多加一点，不喜则酌减。

新手煮饭熬粥实战篇

怎么煮好软硬适度的米饭

煮饭时水的用量是关键，比例一般如下：

陈米：水是米的高度的 1.3 倍；

普通米：水是米的高度的 1.2 倍；

新米：水是米的高度的 1.1 倍。

这里还有两个简单的窍门可以帮助你确定最适合的水量。一是用你的食指量水的高度：手指垂直于水面，指尖刚刚触碰到米，水的高度刚好到你食指的第一节。二是观察：淘米后加水，刚好透过水看米若隐若现。掌握这两小招，你的煮饭功夫就升级了。

怎么熬好粥

煮粥加水的比例要视需求而定，参考值如下：

煮稠（全）粥：需要加入 5 倍于米的水；

七分稠的粥：需要加入 7 倍于米的水；

五分稠的粥：需要加入 10 倍于米的水；

三分稠的粥：需要加入 20 倍于米的水；

如果是剩米饭煮粥，比例约为 1 碗饭加入 4 碗水。

搞定鸡蛋篇

作为最易操作的最佳便当食材，让我们开篇之前搞定鸡蛋。鸡蛋被称为“人类理想的营养库”，营养丰富且全面，吃法也多种多样，就营养的吸收和消化率来讲，煮蛋为 100%，炒蛋为 97%，嫩炸为 98%，老炸为 81.1%，开水、牛奶冲蛋为 92.5%，生吃为 30%～50%。

由此可见，煮鸡蛋是鸡蛋的最佳吃法。那么怎样煮好带壳白水蛋，如何把握鸡蛋的硬度呢？

煮鸡蛋的时间决定了煮鸡蛋的硬度。一般来说，从水沸腾之后开始计时：

3 分钟时：蛋白凝固，蛋黄柔软到可以流出来；

5～6 分钟时：蛋白凝固，蛋黄的外侧凝固但中心部位还是黏的；

12 分钟时：蛋白和蛋黄完全凝固。

营养学专家推荐，鸡蛋以沸水煮 5～7 分钟为宜。

便当入门

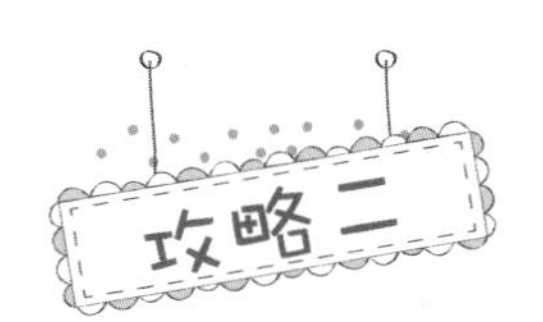

很高兴终于"爬"过扫盲篇，从这一篇开始，直击我们的便当攻略。

不知不觉中，为家人制作午餐便当已有数年。回想刚开始的时候，真是倍感"压力山大"。便当的制作相比日常烹饪，从质到量，更浓缩、更精华。食材如何选择，怎么搭配，采用何种烹饪方式保证口感及营养成分不流失，成品便当如何保温、保鲜，以及最佳再加热方式的选择，方方面面均要兼顾。好在我人不笨又不懒(给自己脸上贴贴金哈)，一边摸索一边改进，渐渐地积累了一些心得体会，自信心上来后更由衷感觉到随应四季变化，选用时令食材，用心做出一份份家人满意、同事朋友交口称羡的好便当真的不难。

让我们从"什么是便当"开始，进入五彩斑斓的便当世界！

探究"便当"一词

纵观这本食谱，出现最多的字眼就是"便当"二字。探究"便当"一词，最早源于南宋时期的俗语"便当"，本意是"便利的东西、方便、顺利"。传入日本后，曾以"便道"、"辨道"、"辨当"等运用，随后以便于携带的意思，用指可携带的盒装餐食，经过逐步演化，写作"弁当"，日语假名为"べんとう"，罗马字为"bentou"。从此"便当"一词就流传开了，并反传入中国。在中国大陆大部分地区习惯称为"盒饭"，在台湾地区一般称为"便当"，通常指午餐、外卖、工作餐等。"便当"与"盒饭"在用法上有细微差异，"盒饭"一词更倾向于简单粗糙的饭食，如"日式便当"一词，就很少被说成"日式盒饭"。

便当发展至今，已然是一种文化，细分起来种类繁多：如妈妈给孩子做的爱心便当，妻子给丈夫做的爱妻便当，情侣之间亲手互做的爱情便当，举家出行郊游远足时吃的野餐便当，赏花时吃的花见便当，还有诸如铁道便当等等。

给我个理由，让我做便当族

其实没有必要罗列一个个让人瞠目结舌的热门词语，什么地沟油、瘦肉精牛肉膏、染色馒头、苏丹红等等……因为当食物以另一种姿态“光鲜”地呈现眼前时，作为普通人，我们怎么可能像化验员一样，手边配备一台又一台精密仪器进行检测、试验、分析、鉴定。

那么，在食品安全问题风声鹤唳，草木皆兵的情形下，把自己和家人的饮食营养和安全都交给别人，真的可以那么放心么?这，或许就是我和家人选择做便当族的理由。回想我们的成长年代，吃得最多的就是妈妈做的饭，那时的父母何尝不繁忙不辛劳?他们却没有把孩子吃饭的问题推给社会，反而亲力亲为，在物质相对匮乏的条件下，用有限的食材做最可口的饭菜。物资如此丰富的现在，为什么我们不能成为一个更称职的家庭健康守护者?购买最优质的食品原料，为家人制作安全、健康、美味、贴心的菜饭，让家人每天吃足 15 种、20 种以上的天然食物，便当盒里永远有四季的时令瓜果菜蔬，懂得赞美粗粮薯类，远离甜点薯片。习惯，有令人难以置信的力量，一天做、两天做，一个星期，一个月……不知不觉中，你的孩子、你的家人习惯了这样的饭食，习惯了家味道的便当。偶尔吃外面的饭菜，你会听到他们不经意发出的声音：嗯，这菜这么油腻。太咸了！味精好多啊，舌头发苦！菜里的×××不新鲜……那将是一个值得欣慰的时刻！因为，潜移默化中，你的便当已经影响着全家人的营养认知，日复一日形成的健康饮食习惯，将使你的孩子受益终生。

实现揣着便当去上班之便当盒的选购

实现揣着便当去上班的第一步，你需要购置合用的便当盒。时下琳琅满目的便当盒，容易让人眼花缭乱，该如何选择呢?从材质入手吧，市售的便当盒大致分为以下几种：

塑料材质便当盒 塑料材质的便当盒以其花色种类多，外形色彩时尚靓丽而深受人们的喜欢，选购时要注意，聚丙烯(PP)也就是标示代码为 5 的塑料种类，是可微波炉加热的材料，这样的便当盒会注明“微波炉适用”字样。目前，也可购买到专为可微波加热设计的日式便当盒，盒体采用 ABS 树脂，耐温范围是-20～140℃，可在微波炉中安全使用。

金属材质便当盒 铝、不锈钢、搪瓷等金属材料制成的各类便当盒，经久耐用，可短期给食物保温，但由于微波不能穿透，所以都不适宜在微波炉中使用。

陶瓷材质便当盒 陶瓷分为耐热陶瓷和普通陶瓷。耐热陶瓷制成的便当盒，适宜在微波炉中长时间使用，而普通陶瓷器皿只能做短时间加热使用。特别要注意，应避免选择含有金、银线的陶瓷器皿，因其在微波炉中使用时会打火花。

木质材质便当盒 漂亮的日式便当盒越来越受到白领丽人们的青睐。高级的日式竹木便当盒一般配有日式纯棉布便当盒袋，雅致精美；便当盒的盖子多为合成漆器，手工贴花。用其来放置可凉食的寿司、饭团便当等极其适宜。

玻璃材质便当盒 玻璃主要包括普通玻璃、钢化玻璃，以及耐热玻璃三大类。普通玻璃制成的便当盒微波加热易爆，只适宜在微波炉中短时间加热；钢化玻璃器皿也要慎用微波炉加热，因为温度急剧变化时它有自爆的危险。而耐热玻璃材质制成的便当盒，由于微波穿透性好，物理、化学性能稳定，耐高温（可耐 400℃甚至更高），故适宜在微波炉中长时间使用。目前，耐热玻璃便当盒被誉为最时尚和绿色环保的便当盒。

食品级健康、抑菌、保鲜，且安全、无毒、耐热材质制成的便当盒是我们的最佳选择。材质选好，款式确定，接下来要考虑的就是便当盒的配置问题了。当然，一个容量合适、饭菜一体的便当盒不是不行，但如果有更好的方式来安置我们美味可口的私家午餐便当，何乐而不为呢?建议午餐便当盒按盛装食物的不同配备三个，一个主食便当盒，用于盛装米饭、粗粮、薯类等；一个凉食便当盒，用于盛装生鲜水果或免加热的菜，如凉拌菜等；另一个为再加热便当盒，用于盛装需要加热的荤素菜品。三个便当盒，再加上一个实用美观的便当袋或便当包，我们的便当族生活便揭开了新篇章。

怎样搭配便当更健康

目前，上班族的午餐来源零散而杂乱。相对来说，规模大一些的公司稍好些，有员工食堂提供餐点，卫生状况和午餐的质量有一定保障。除去食堂供餐，上班族其他的午餐方式主要有叫外卖盒饭、吃路边餐或快餐店套餐、餐厅拼餐、吃速冻食品、泡方便面，或吃零食水果打发一餐。这些午餐的优点是省事快捷，就餐迅速，无需刷洗，甚至无需预订。缺点却是林林总总可以数出一大篓。食物单一、营养失衡姑且不论，盒饭或快餐为了菜品卖相好，油炸、煎烤食品居多，用油量大、调味重，菜肴多半油腻，荤素失调，从食物构成来看，精白米面制品多、肉类多，粗粮很少，蔬菜、全谷、豆类等均严重缺乏。

相比上述午餐便当，自带便当最大的优势便是内容可控。选用时令新鲜、安全放心的食材，使用高品质的油，采用少油、少糖、少盐的烹饪方式，用心制作出来的午餐便当远非任何一份外售便当可比拟。完美的午餐便当，要做到食物多样化，要有淀粉类主食，有蔬菜，有富含蛋白质的肉蛋奶或豆制品。午餐便当主食要避免单纯的精、白、细、软，用薯类粗粮，如红薯、芋头、山药等代替一部分米饭，既可调剂口味，更有益于健康。营养均衡的午餐便当，再配备点水果和坚果，就更完美了。

便当食材的选购和贮存

并不是所有食材都适合纳入便当盒里，合格的便当食材必须适合再加热，不会因为进出微波炉而影响色泽、营养，以及美味口感。

先来看看主食吧。对于带饭而言，米饭是最好的主食，馒头、大饼类的主食不太适宜纳入自带便当盒。从微波炉加热的角度来讲，加热后的米饭基本上能保持原来的状态，馒头、大饼却极容易变干，不宜微波炉加热。蒸熟的薯类（如红薯、芋头、山药等等）也适宜微波加热。

蔬菜瓜果中，宜选择不易变质、适合再加热的品种，如番茄、茄子、豆角、冬瓜、南瓜、花椰菜、洋葱、胡萝卜等。绿叶蔬菜不是理想的便当食材，它们含有不同量的硝酸盐，经微波炉加热或存放的时间过长，菜叶会发黄、变味，硝酸盐还会被细菌还原成有毒的亚硝酸盐，有致癌的作用。还要特别注意，除绿叶蔬菜外，海鲜、凉拌菜隔夜后也容易变质滋生细菌，食用后会引发胃肠炎甚至导致食物中毒，所以除非早上现煮现带，低温贮存，否则不要把它们纳入便当盒中。

午餐便当，最好能早起准备，现做现带，保存时间控制在5～6小时内的便当可最大限度保持食材新鲜度和口感。如若是前一天晚上制作的便当，要注意菜品一做好就立刻分装，待冷却后密封冷藏保存，不要装剩菜，并且饭、菜分开放，以免菜汁浸泡米饭引起变质。肉类、蛋类和粗粮主食等食物在0～4℃环境下，保存时间不超过20小时，变质的可能性较小，故烹调时可以一次多做点，作

为储备食物保存，多餐食用，但要避免反复加热，分好份冷冻或冷藏贮存，每次取出一份当餐吃完。反复加热食物不仅会降低口感，而且会损失食物的营养素，增大微生物繁殖的机会。

这里要啰唆几句夏季便当的“防暑”原则。夏季高温炎热对人体来说是一种“逆境”，中医称之为“苦夏”，身体必须靠大量排汗来维持体温的恒定，所以，夏日的便当原则就是要注意补充足够多的水果蔬菜，多喝粥汤补充电解质，其中尤以豆汤、杂粮豆粥为最佳，它们对补充钾、镁等矿物质有帮助。高温排汗还会损失大量蛋白质，同时体内蛋白质分解也会增加，因此，夏季午餐便当构成中要加入酸奶或牛奶，鸡蛋，瘦肉、鱼，酱牛肉之类食材，以补充蛋白质和铁、锌等微量元素。绿豆、赤豆、扁豆等豆类，以及玉米、大麦、燕麦等粗粮含有充足的维生素、矿物质，用它们来补给身体，能让夏天的你照样精神抖擞！

便当的最佳烹饪方式

制作便当选用的烹饪方式，要充分考虑到微波再加热问题，而适合微波炉加热的烹饪方法是蒸、红烧、炖等，用这些方法烹饪的菜肴在微波炉加热后不易变味和变色。而相对来说油炸、油煎、香酥、干锅、水煮之类的菜式，因为本身脂肪含量高，再经过加热处理，脂肪氧化产物也会增多，对心血管健康不利，所以不宜纳入便当盒中。还有一点要特别注意，从烹饪的角度讲，用作便当的菜品做到七八分熟就行，以防微波加热时进一步破坏它的营养成分。

总而言之，不管何种烹饪方法，低盐、低脂、高膳食纤维是健康便当食谱必须遵守的原则。

便当的再加热

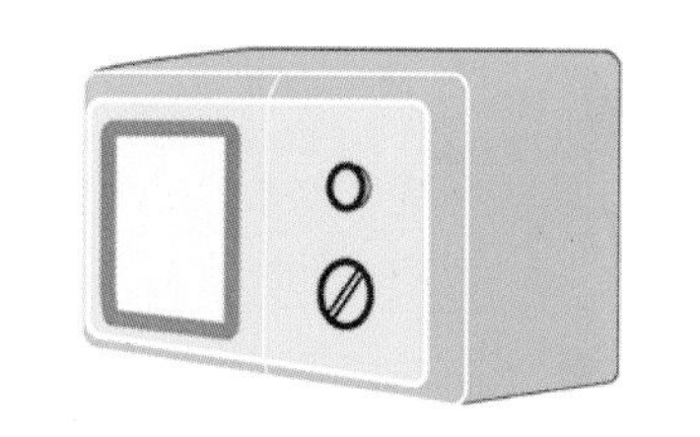

对于绝大多数上班族来说，目前午餐便当的加热方式基本锁定“微波炉加热”。在使用微波加热时，要特别注意安全，切忌把密封好的便当盒直接放入微波炉进行加热。高品质的便当盒密封圈的密封性能优良，甚至可以达到真空状态，当我们把这样密封好的便当盒放进微波炉，随着盒子内的温度不断抬升，气压也不断升高，当温度达到一定阶段，便当盒密封圈极强的密封性致使气压无法排出，就会导致便当盒爆炸，这是极其危险的！所以，正确的做法是先把便当盒的密封盖取下来，再将盒体放入微波炉加热。如果使用的是带微波通气孔的便当盒，则只需在用微波加热前将气孔盖开启即可。一般情况下，微波炉加热便当，时间控制在两分钟左右比较适宜，如果饭菜没热透，可视情况再放入微波炉稍稍转两圈即可，不要过度加热。

上班族进食午餐便当注意事项

吃午餐不要像打仗哦！吃午餐求速度不但不利于身体对食物营养的消化吸收，还会加重胃肠道的“加工”负担。放松心情，细嚼慢咽，留给自己 30 分钟左右的安静用餐时间，可以事半功倍地换取下午高效的工作表现。此外，吃午餐要定时，不规律的饮食会造成身体代谢紊乱，胃纳差，所以尽量将就餐时间固定在每天中午的 11 点到下午 1 点之间，以适应胃肠道的正常功能发挥与调节。另外，专家们建议午餐只吃八分饱，因为用餐后，身体中的血液要集中到胃来帮助进行消化吸收，在此期间大脑处于缺血缺氧状态，吃得过饱就会延长大脑处于缺血缺氧状态的时间，从而影响下午的工作效率。

我的便当我做主。家庭烹饪便当，可供借鉴的食谱成百上千，要想煮出色香味俱佳的美味便当菜肴，除了技术之外，“用心”更是关键。中式烹饪与西式烘焙不同，不必在材料、做法、调味料上过于“斤斤计较”，太过拘泥反而缚手缚脚。怀着一颗关爱、真诚的心，快乐地去煮食，煮出来的食物一定美味可口。以上是关于家庭自制“便当”的小小心得分享，希望能给那些不知道中午为自己或是家人带些啥的朋友一些启发吧！

剁辣椒、红烧肉、蒸水蛋、豆焖面，只有妈妈的菜，才这样拙朴而余味绕鼻，掺进了爱和叮咛，在撩人的阳光下熠熠生辉。美食是一种回忆，故乡的味道低徊在悠悠岁月里，旧的日子总是那么缓慢而细腻，有欲说忘言的一种暖，而妈妈的味道是一种瘾，我欲罢不能！

PART 1

贴心又好吃的妈妈味便当

剁椒蒸酿豆腐

便当构成：剁椒蒸酿豆腐＋凉拌白菜心西蓝花＋枸杞蒸米饭＋石榴＋核桃仁

零厨艺搞定一道有“内涵”的豆腐便当菜——剁椒蒸酿豆腐

留在儿时记忆中的秋天，有着火辣辣的剁椒味道。

每当鲜红似火的秋辣椒上市，我们就知道，妈妈要开始做剁辣椒了。妈妈做的剁椒好吃够味，亲戚朋友中是出了名的，每年剁辣椒季里做出来的成品，除了小部分自家留用外，其余的都会被早早预订的亲友们捧走。手工剁辣椒工程巨大，需要全家总动员来完成。先要将几十斤、上百斤的鲜辣椒，还有鲜姜和大蒜，洗净晾干，还要把封装剁椒的罐罐瓶瓶一个个地洗刷干净，水煮消毒后擦拭晾干。万事俱备之后才是剁辣椒的开始。

在家庭料理机、搅拌机尚未普及的年代，剁椒的制作全靠人力，很辛苦，全家人轮番上阵齐努力。等到眼见一大盆一大盆的红辣椒都封存到高低错落的瓶瓶罐罐中，置身于一片辣椒红中的妈妈会满意地点头说道：该够吃到来年秋天了。

抱着一罐妈妈的剁椒走天涯。想家的时候，一勺剁椒一道菜，咸鲜馨香的味道不就是久违的熟悉的妈妈味道吗？

原料:三角油豆腐(7~8个),肉末1小碗(约120克)

调料:青剁椒3/2汤匙,红剁椒3/2汤匙,小葱末1茶匙,料酒1汤匙,豉油1汤匙,蚝油1茶匙;肉末腌料:生抽1/2汤匙,老抽少许,白糖1/2茶匙,淀粉1茶匙,胡椒粉少许,香油1/2茶匙

制作过程:

1. 肉末加入腌制调料拌匀,腌制10分钟左右备用。
2. 在腌制好的肉末上撒上小葱末,然后准备好青剁椒3/2汤匙和红剁椒3/2汤匙。
3. 用刀尖在三角油豆腐最长边中部切一刀,两头各留2厘米左右连接。
4. 将腌制好的肉馅酿入油豆腐中,酿入口稍稍捏合整形。
5. 依此做法,给所有的油豆腐酿入肉馅。
6. 将酿入了肉馅的油豆腐排入耐热容器中。
7. 将青、红剁椒放入大碗中,添加料酒1汤匙,豉油1汤匙,蚝油1茶匙,拌匀制成酱汁。
8. 酱汁浇淋在酿豆腐上,将容器放入锅中隔水用旺火蒸8~10分钟至熟软即成。

天籁微语

1. 制馅的肉末,不要选纯瘦肉,宜挑选肥瘦相间的,蒸出来会比较油润香滑。
2. 剁椒的使用要注意咸度,如若过咸要注意控制添加量,或者调入高汤、清水稀释后再使用。

鹌鹑蛋红烧肉

便当构成：鹌鹑蛋红烧肉＋白灼菜心＋黑芝麻蒸米饭＋苹果丁、葡萄＋核桃仁

好吃不腻的红烧肉
——鹌鹑蛋红烧肉

红烧肉，全国人民都爱！有食家云“味之无极”的红烧肉有四“求”——求其色泽正，求其形态美，求其口味醇，求其质感佳。达到这四点标准的无极红烧肉，想想该有多让人销魂啊！

一碗浓油赤酱的红烧肉，有多少人爱，又有多少人“恨”！“拒绝油腻，亲近清淡”让许多人趋之若鹜，也有一些人，更有自己的坚守，在吃的法则里，风味重于一切！

我是墙头草，两边摆！是“顾嘴不顾身”，还是“顾身不顾嘴”，时常让我很纠结！借着“过年”、“过节”的名义，与甘腴芳润来段艳遇的桥段，在家里餐桌持续上演。对于我乐此不疲的行径，每每某人调侃讥笑之时，我便振振有词地以“名言”应对：恩格斯说的，肉是人类发展的前提，如果不吃肉，人是不会发展到现在这个地步的……

原料：五花肉 1 块（约 800 克），鹌鹑蛋 10 枚

调料：生姜 1 块，大葱 1 根，小葱 4～5 根，蒜瓣 5 粒，盐适量，老抽 3 汤匙，鲜酱油 1 汤匙，冰糖 6～8 粒，料酒 1 汤匙；烧卤香辛料：八角 2～3 个，桂皮 1 小块，香叶 3 片

制作过程：

1 五花肉洗净，整块下锅，锅中注入足量清水，小葱洗净挽成葱结入锅，1/2 生姜切片和 1/2 大葱段都入锅同煮，开锅后淋入料酒 1 汤匙。

2 将肉块继续水煮约 20 分钟后捞出，用冷水冲洗后，改刀切成 4～5 厘米宽厚的肉块备用。

3 蒜瓣去皮，剩余生姜切厚片，剩余大葱斜切成段，烧卤香辛料用温水稍加浸泡后淘洗干净备用。

4 炒锅烧热注油，三四成油温时将蒜瓣、姜片、大葱段以及香辛料下入锅中用小火煸香。

5 将五花肉块下入锅中，转大火煸炒 1～2 分钟，煸出油脂后转小火继续翻炒 3～4 分钟，至肉块表皮收缩，焦香微黄。

6 调入老抽 3 汤匙、鲜酱油 1 汤匙炒匀，锅中倒入料酒，用量以平过肉面为好，将冰糖下入锅中，掂匀材料煮开锅。

7 开锅后，连肉带汤汁一同倒入预热好的沙锅内，转最小火力加盖慢炖。

8 将鹌鹑蛋煮熟，剥去蛋壳，用油爆一爆，使其表皮稍微焦皱变黄。

9 五花肉煨炖约 1 个半小时后已香醇软糯，这时将鹌鹑蛋放入，使其浸泡在肉汁中。

10 继续煨炖 15 分钟左右使鹌鹑蛋入味上色。酌情加盐，然后调大火力将汤汁收浓起锅。

红烧肉好吃不腻制作三要诀

1. 水煮——煸炒——慢火焖烧，三部曲让红烧肉香浓又不腻口。20 分钟左右的水煮时间既充分去血污、除肉腥气，又有效减少了油脂；之后的煸炒，更进一步“逼”出了油脂，激出了肉香，而且煸炒后微微收紧的肉块在其后的煨炖过程中更易饱吸酱汁，透味香浓；留出长时间的慢火烹饪时间，好吃不腻口的红烧肉是需要时间静候的。

2. 先煮后切。好吃，卖相又好的红烧肉，肉块要整条下锅水煮之后再改刀切块，这是因为猪肉的肉皮部分、肥肉部分，以及瘦肉部分受热后收缩度不一，先整再分，肉形更易保持完好，且可最大限度地锁住肉汁、肉味。

3. 无盐或少盐烹饪。不同于炒糖色的红烧肉做法，本做法的红烧肉，其浓油赤酱是凭借老抽和鲜酱油来成就的，老抽和鲜酱油咸度已经足够，配上冰糖，足以提鲜、增香，所以不需再要加盐调味（口味重者另酌情添加）。一咸遮百鲜，切记。

油焖茭白

便当构成：油焖茭白＋板栗焖米饭＋香煎脆肠＋胡萝卜丝拌黄瓜丝＋杞枣银耳汤

荤吃素烧两相宜的江南水乡佳肴——油焖茭白

作为家常食材，茭白最吸引“煮妇”的地方，就是它吃法的百搭性：荤吃素烧均相宜，热吃凉食皆美味。茭白可与各种荤、素食料配伍，如搭配鸡鸭鱼肉蛋等荤吃，醇香透味；也可独立成菜，生拌、酱制、腌制等，则清爽适口；除了蒸炒炖煮煨等做法之外，茭白还可改刀丝、粒、蓉等形状，与其他食材混合，作为水饺、包子、馅饼等传统粉面食制品的馅心。

而诸多的茭白吃法中，油焖茭白在我看来是最简单却又最勾人垂涎的一种——色泽红润不寡淡，鲜嫩糯香、柔滑适口，且冷热食用皆宜。

原料：茭白3根(约280克)

调料：小葱1根，精盐适量，白糖1/4茶匙，老抽1汤匙，料酒1汤匙，少量开水

制作过程：

1. 将茭白置于流动水下反复冲洗，再用清水浸泡后洗净、控水备用。
2. 将茭白根部质地老硬部分切除，然后切成滚刀块；小葱洗净切末。
3. 锅烧热注油(油量要略多些)，油温起来后将茭白块倒入锅中，用中大火不断翻炒。
4. 炒至茭白块水分收干、表皮略带焦黄时，往锅中淋入料酒、老抽炒匀，添加白糖、精盐。
5. 将锅中材料、调料翻炒均匀。
6. 沿着锅边浇淋少量开水。
7. 掂匀锅后，盖上锅盖以中火焖烧。
8. 焖至水分收干，听到锅内油吱吱作响时揭盖，将茭白快速兜炒几下，撒上葱末出锅。

天籁微语

茭白是多年生禾本植物“茭草”的肉质嫩茎，又名菰菜、茭笋，茭瓜，是盛产于江南水乡的特有水生蔬菜，与莼菜、鲈鱼并称为“江南三大名菜”。秋产的单季茭肥大肉厚，白如玉，嫩如笋，形如美人腿；脆嫩鲜美，形色味俱佳之余，更兼备丰富的营养成分。因其部分有机氮以氨基酸形式存在，因而味道极其鲜美。

茭白热量低、水分高，食后易有饱足感。茭白中含有的豆醇能软化皮肤表面的角质层，使皮肤润滑细腻，因而食用茭白还具一定的减肥美容功效。

肉末蒸水蛋

便当构成：肉末蒸水蛋＋杂豆粳米饭＋什锦大拌菜＋杞枣茶

要多嫩滑有多嫩滑
——肉末蒸水蛋

每回带肉末蒸水蛋作便当，一到饭点，身边就围满了同事，点评声如潮：哇，好香啊……这么嫩、这么滑，怎么蒸的啊？……招供招供……

爆汗！其实我在家蒸水蛋很懒的，手边有什么添什么，不过筛也不覆膜，蒸锅一塞了事，蒸出来的水蛋也总是嫩滑滑的。懒方法说给小姐妹们听，她们老说我敷衍，说这怎么可能蒸得好呢，说我藏私，要我秘籍大放送。我……我……好吧，那你试试这三条吧——

1. 如果你蒸水蛋屡战屡败，不妨试试用温开水来调制蛋液吧。生水中过多的空气易使水蛋出现"蜂窝"，放凉后的温开水可以避免出现这一情况。2 个鸡蛋配 200 毫升的温开水，很安全的配比，蒸出来的蛋羹要多水嫩有多水嫩。

2. 过道筛。蛋、水混合后的蛋液用细滤网过滤一下，可以清除搅打时产生的浮沫及蛋液中的小黏块，有利于蒸制后的平滑。

3. 覆层膜。可以避免锅内循环热气生成的水珠从锅盖上滴入蒸碗中，蒸出来的蛋面光滑如缎，吹弹可破。

原料：鸡蛋 2 个，肉末小半碗（约 80 克）

调料：虾皮 1 小撮，小葱 1 根，盐少许，糖少许，胡椒粉少许，温开水 1 杯（约 200 毫升），鲜酱油 1/2 汤匙，香油少许

制作过程：

1. 市场购买的虾皮杂质较多，盐分也重，一定要多淘洗几次，然后控干水分备用。
2. 将鸡蛋磕入大碗中，调入少许的盐、糖、胡椒粉搅打均匀，倒入 1 杯温开水。
3. 再次混合均匀后用滤网过筛，盛放入耐高温容器中，撒上淘洗干净的虾皮。
4. 给蒸碗覆盖上一层保鲜膜，放入注水的大锅内隔水蒸，大火煮开锅后转中火加盖蒸制。
5. 利用蒸蛋的时间处理肉末：锅烧热后注入少许油，将肉末下锅快速炒散。
6. 煸炒至水分收干、油脂溢出时，加入鲜酱油调味上色，起锅前淋入香油翻炒均匀。
7. 水蛋蒸 12～13 分钟至蛋液凝固熄火，将肉末及酱汁浇淋在蒸水蛋上面。
8. 小葱洗净切末，撒在碗面上即可。

天籁微语

1. 蒸水蛋的时间要灵活把握，各家炉灶火力强弱不一，蒸蛋的容器大小深浅不一，相信多尝试两次后会找到最适合的烹饪时间。

2. 水蛋蒸得好不好，拿根竹签子扎进去就知道了，即：在蒸好的水蛋上斜扎一根竹签子进去，竹签子能立于其上，这蒸蛋就可以过关了。呵呵，很朴实的鉴定标准吧？

虾皮锅塌豆腐

便当构成：虾皮锅塌豆腐+“诈蛋”+白灼西蓝花、生菜+红樱桃番茄、香梨

天天带都吃不厌的美味便当菜
——虾皮锅塌豆腐

锅塌豆腐，这是一道极受欢迎的午餐便当菜，可能一周天天带，你都吃不厌。

要说起这道便当菜的好，可以掰着手指数出一篓子——经济实惠、家常美味、营养丰富、操作简便快捷、超级补钙、健脑益智、瘦身美颜……

锅塌豆腐，论说起来是山东菜，“锅塌”是山东菜独有的一种烹调方法，可做鱼可做肉，可做豆腐做蔬菜。烹饪特点是将食材整形后用调料浸渍腌制，裹粉沾蛋液油煎，再以煮汁微火塌制而成。制作这道家庭版的锅塌豆腐，我习惯抓一把虾皮拌进去，增香提鲜之余补钙功效更加分。

算算这道菜的成本，豆腐 2 元钱，鸡蛋 2 元钱不到，虾皮等算个 1 元钱吧，五元钱低成本打造一款色香味俱全的便当菜，谁说简单无美味，谁又能说平价无真味？

居家过日子，细水长流，身边这些唾手可得、俯首皆是的食材，只要慎重地对待，用心地料理，就能点石成金做出一个“好”来，把爱人养得健康强壮，把孩子养得白白胖胖，我觉得，那才是真功夫、好本事！生活处处是艺术，厨房工作也一样，这门生活的艺术里凝聚着代代传承的“煮妇”们的智慧。

原料：豆腐 2 块（400 克），鸡蛋 2 个，虾皮 1 小抓

调料：小葱 2 根，面粉适量，鲜酱油 2 汤匙，盐 1/8 茶匙，糖 1/4 茶匙，胡椒粉少许

制作过程：

1. 将豆腐顺着长边，切成厚度约 1.5 厘米的长方形豆腐块。
2. 将豆腐块放在盘中，淋上 2 汤匙鲜酱油，腌制 10 分钟左右。
3. 虾皮用清水淘洗几遍，控干水分备用。
4. 鸡蛋磕入大碗中，调入 1/8 茶匙的盐、1/4 茶匙糖、少许胡椒粉，搅打均匀，将虾皮放入搅匀。
5. 将腌制后的豆腐块放入面粉中，使其均匀地裹上一层面粉后拿起来轻拍，将多余的面粉拍掉。
6. 将裹着面粉的豆腐块再放入虾皮蛋液中，使其均匀地裹一层蛋液。
7. 平底锅烧热注油（油量略多些），五成油温时将裹了蛋液的豆腐排入锅中。
8. 煎至底面金黄凝固时翻个面，将豆腐两面翻煎至焦香时盛出，用吸油纸吸去多余的油分即可。
9. 用大号便当盒盛装米饭并撒上芝麻，将汆烫过的西蓝花、生菜铺入，再将锅塌豆腐铺入，放半个“诈蛋”（制作方法见第 160 页）、红樱桃番茄，午餐便当制作完成。

1. 原味的锅塌豆腐做法，通常是用盐、味精和胡椒粉来腌制豆腐。我喜欢的做法更家常版些，用鲜酱油来代替盐等调料腌制豆腐，可以入味更均匀并且有漂亮的上色作用，同时口感更柔和。

2. 通常做锅塌豆腐，在豆腐裹蛋液煎制成形之后，还要加入煮汁再用微火塌制一会。因在此制作的是作为便当菜的锅塌豆腐，需铺陈在米饭上装盒，汤汁过多会将米饭浸软而影响口感，且不易保存，所以省略掉了后一步，将豆腐煎香煎酥后直接装盒，也很美味。

熏鱼

便当构成：熏鱼＋盐蒸鸡片＋凉拌胡萝卜＋杏仁蒸米饭＋苹果丁

金黄酥香，热食凉吃均相宜的美味——熏鱼

每一个妈妈级的“煮妇”，都有着自己独到的省钱经。

这套过日子的省钱经是在日复一日和柴米油盐打交道的过程中，慢慢地摸索和积累起来的小生活里的大智慧。从食材怎么购买最合理、最省钱，到对每一餐饭菜分量多少的把握，再到怎么把一些厨房“边角料”合理地利用起来，变个花样消灭剩货、存货。别看这一桩桩不起眼的厨房小事，看着是简单，真正做起来却是一点也不简单，就像妈妈常常说的：“要想把一个小家管好，不容易的。”

临近年节，家附近的超市、各式商品开始轮番促销，生鲜区的草鱼也在促销行列，可能为了冲销量，单价设定是浮动的，5斤以下一个价，5～10斤一个价，10斤以上最惠价。心里头拨拉一算，比菜市场都便宜一大截，果断出手10斤以上的量。草鱼咱真不怕多，用它来做熏鱼，金黄酥香，鲜甜透味，热食凉吃均相宜，家里家外好这一口的食客众多，熏鱼做多少保管能“消灭”多少！

做好的熏鱼，放凉后外皮变得酥酥脆脆的，更加好吃。那些天的午餐便当盒里总不忘装几块，带到公司跟同事们分享。有熏鱼便当美食相伴，午餐时光更惬意！

原料：草鱼块950克

调料：①腌鱼调料：大葱1节，生姜4片，生抽1汤匙，料酒2汤匙，盐少许，胡椒粉1/4茶匙；②卤煮汁调料：生姜1大块，小葱12克，大葱1根，八角2个，桂皮1块，香叶2片，料酒3汤匙，生抽3汤匙，老抽1汤匙，冰糖碎5汤匙，盐1克

制作过程：

1 先将鱼块洗净，特别是鱼腹内的黑膜一定要刮干净(除腥)，再把鱼块放入盆里，加入腌鱼调料拌匀，腌制半小时以上。

2 将腌好的鱼块搁放在网架上风干表面，以免油炸时因水分过多而溅油伤人。

3 准备好卤煮汁调料中的生姜 1 大块，小葱 12 克，大葱 1 根，八角 2 个，桂皮 1 块，香叶 2 片。

4 大葱洗净切长段，生姜切片，小葱洗净挽成葱结，锅烧热注油，将以上材料入锅用小火煸香，八角、桂皮、香叶洗净后也入锅煸炒至出香。

5 锅中调入卤煮汁调料中的料酒 3 汤匙、生抽 3 汤匙、老抽 1 汤匙，冰糖碎 5 汤匙，盐 1 克，倒入 1 碗水搅匀后用中火熬煮，直至煮汁变稠浓。

6 熬卤煮汁的同时，另起油锅，约四五成油温时，将腌好的鱼块放入油锅中炸至熟透，捞出控油。

7 油锅继续加热至七八成油温，将鱼块下锅复炸。

8 复炸至鱼块呈金黄色时，迅速将鱼块捞出。

9 炸好的鱼块控油后，直接转放入卤煮汁的大锅中。

10 鱼块入锅后继续熬煮，用锅勺不断将滚热的煮汁均匀浇淋在鱼块上，待鱼块吸汁饱满后出锅，将熏鱼搁在网架上摊凉，待表皮变酥脆后即可食用。

1

2

3 7

4

5

6

8

9

10

天籁微语

1. 做好的熏鱼热食或者放凉后食用都可以，更建议放凉后食用，风味绝佳。

2. 腌制好的鱼块含酱汁、水分等较多，下油锅之前，先将其搁放在网架上风干表面，可避免油炸时因水分过多而油溅出伤人。鱼块建议油炸两次，初炸是制熟，复炸是上色，并通过高温“逼”出部分油脂，减少鱼块的油腻感。

扁豆焖面

便当构成：扁豆焖面＋杂豆粥＋糖醋萝卜片

不知道馋倒了多少人
——扁豆焖面

扁豆焖面，这道便当，不知道馋倒了多少人！

第一次给家里先生带扁豆焖面便当去公司，饭点过后都不记得接到几个电话啦，哇哇一片：嫂子，求教，求方子……有更殷切的，在电话线那头扮苦情戏桥段：这焖面啊，一闻就是妈妈的味道，再一吃，那就是家的味道啊……

那日先生下班回来，摇头笑叹：中午没吃饱，抢不过他们，这帮孩子……冲先生点点头，明了！我们也曾这般青春年少，也曾在这样的年纪离了家，为着理想为着明天孤身打拼在异乡，也曾在吃不到妈妈饭菜的地方苦苦找寻着久违的熟悉的妈妈味道。

那晚，放下手头所有的事情，猫在厨房里，和面、擀面、备料，盘算着明天要起个大早，做最好吃的妈妈焖面让先生带到公司去，一份，两份，三份，四份……

原料:五花肉1块(180克),扁豆250克,鲜切面400克

调料:大葱1节,青蒜2根,生姜1块,蒜瓣4粒,干红椒2个,鲜辣椒2个,盐适量,料酒1/2汤匙,生抽1汤匙、老抽1茶匙,糖少许;腌肉片调料:料酒1茶匙,盐少许,研磨黑椒碎少许;味汁调料:生抽1汤匙,老抽1汤匙(喜欢酱色重些就多放点老抽),糖1/2茶匙,盐1/2茶匙,陈醋1汤匙,香油1/4茶匙,温水2汤匙

制作过程:

1 将五花肉洗净切成薄片放入碗中,再放入腌肉片调料拌匀,腌制15分钟左右。

2 将鲜切面放入大盆中,淋上少许食用油抓匀挑散,以免入锅受热后粘黏成坨。

3 将扁豆浸泡洗净后撕掉两头的老筋,用手掰成段备用。

4 大葱、生姜洗净切末,蒜瓣切片,青蒜洗净切小段,干红椒和鲜辣椒去蒂、去子切成椒圈状备用。

5 铁锅烧热注油,油温起来后下肉片,用中小火煸炒至出油,表皮微黄焦香时盛出。

6 就着锅里的底油,将蒜片、青蒜段、干红椒圈、鲜辣椒圈入锅用小火煸香盛出。

7 锅中加点油烧热,将扁豆倒入锅中翻炒,待水分略干的时候放一点点盐调味,炒至三四成熟时将扁豆拨至锅边,将葱、姜末倒入锅中煸香。

8 将肉片回锅,淋入料酒1/2汤匙、生抽1汤匙、老抽1茶匙,加入糖少许、盐1/4茶匙翻炒均匀。

9 把鲜切面抖开,揪成一段一段后平铺在菜面上。

10 沿着锅边浇上一圈开水,注意加水量一定不能超过扁豆菜面,盖上锅盖大火煮开后转小火焖。

11 调制一碗味汁备用:生抽1汤匙+老抽1汤匙(喜欢酱色重些就多放点老抽)+糖1/2茶匙+盐1/2茶匙+陈醋1汤匙+香油1/4茶匙+温水2汤匙充分搅匀。

12 面焖到锅内水分收干,隔着锅盖能听见吱啦吱啦的声响时揭盖,将过程6中的香辛料铺在面条上,浇上调制好的味汁。

13 一手拿锅铲一手拿双筷子,兜着锅底一铲将锅中材料翻起,把扁豆、面条、姜蒜末等和在一起挑匀抖开。

14 将锅中材料、味汁充分挑拌均匀,熄火出锅即可。

做好扁豆焖面的三点小心得

1. 鲜切面下锅焖制之前，先淋上少许食用油抓匀，以防入锅后粘黏成坨。

2. 面条下锅后，沿着锅边浇上一圈开水，注意控制加水量，一定不能超过菜面。

3. 五花肉片先要把它煸至出油、焦香，再与扁豆一同烩炒焖面，吃起来才会焦香不腻口。

红薯粉蒸肉

便当构成：红薯粉蒸肉＋紫甘蓝拌生菜＋红枣蒸米饭

歪打正着的美味
——红薯粉蒸肉

很难得买到一块上好的五花肉，肥瘦相宜肉形方正，第一反应是用它来做道扣肉，香芋扣肉。晚餐毕即着手扣肉的前期工作：将整肉块水煮，抹酱腌制，再上锅油炸，为了肉皮蓬松好吃再将肉块放入肉汁水中浸泡过夜，只等次日将大芋头买回一扣一蒸即可。

巧不巧，第二天连走几家超市、菜场，荔浦大芋头居然绝迹！晕啊，转头回来搜搜厨房，上回自制的蒸肉粉蒸了两回排骨还剩了一些，菜篮子里横躺着几只红薯，于是做了一半的扣肉咱就把它改红薯粉蒸肉吧。

肉一蒸出锅，闻着香味就大不同，端上桌，大人孩子频频动筷，家里那位嗜肉族小朋友，一向无肉不欢，吃得摇头晃脑之余不吝赞美之词：“妈妈，这是我吃过你做得最香的粉蒸肉。”“嗯嗯”，我一边笑纳赞美一边叹：“歪打正着也能出美味?!”冷不防家里先生插过来一句：“留两块！明天给我带午餐便当！”

原料：猪五花肉 1 块（约 480 克），自制蒸肉粉（现磨米粉＋十三香）适量，大红薯 1/2 个

调料：生姜 2 片，小葱 1 根，生抽 1 汤匙，老抽 1 汤匙，白醋适量，料酒 1 汤匙；腌肉酱汁：红油腐乳 1 块，腐乳汁 1 汤匙，鸡汁 1 汤匙，生抽 1 汤匙，老抽 1 汤匙，椒盐粉 1/2 茶匙，白糖 1/2 茶匙，辣椒粉 1/2 茶匙，高度白酒 2 茶匙

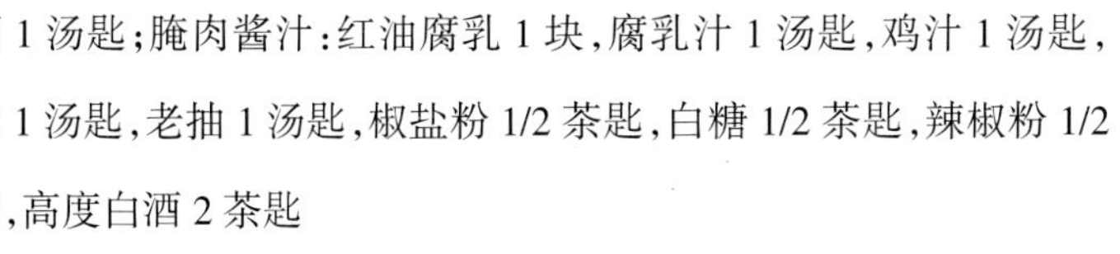

制作过程：

1. 锅内坐水，丢 2 片生姜进去，将肉块洗净放入锅中开煮，淋入料酒 1 汤匙，煮至可以用根筷子提起来，起锅。
2. 用竹签在五花肉的皮上扎小孔，以便入味及下油锅时爆油轻微些；趁热抹一层混合酱油（生抽 1 汤匙＋老抽 1 汤匙，酱色轻重以个人喜好调节）。
3. 起油锅，五花肉块下油锅前抹一层白醋，放入锅中开炸（注意加盖，以免误伤）。
4. 肉炸至金黄后起锅、控油，放入大碗中，加入过程 1 煮肉的肉汤水，浸泡过夜，使肉皮蓬松起皱。
5. 大米浸泡 2 小时后沥水晾干，净锅炒至焦香金黄，用料理机打成带颗粒的米粉。
6. 米粉中调入十三香拌匀（香料与米粉的比例大约 1:30），自制蒸肉粉即成。
7. 准备好红薯，将其洗净，外皮特别脏的部位刨掉，再加上五花肉块，自制蒸肉粉，可以从做扣肉改做粉蒸肉啦。
8. 调配酱汁：红油腐乳 1 块捣碎，加入 1 汤匙腐乳汁，鸡汁 1 汤匙，生抽、老抽各 1 汤匙，椒盐粉 1/2 茶匙，白糖 1/2 茶匙，辣椒粉 1/2 茶匙，再加上高度白酒 2 茶匙拌匀。
9. 将肉块连皮带肉切成厚度约 1 厘米的肉片。
10. 将切片五花肉与酱汁充分拌匀，腌制 15 分钟左右入味。
11. 将红薯切大片，铺垫在大蒸盘中备用；小葱洗净切末。
12. 将腌制好的五花肉片，沥掉酱汁后逐片均匀地裹上自制蒸肉粉。
13. 将裹粉后的五花肉片排铺在红薯片上面。
14. 蒸盘上锅隔水蒸制，蒸至肉片酥软透味、红薯粉糯（约 45 分钟）时取出，撒上葱末。

1

2

3

天籁微语

蒸粉蒸肉少不了蒸肉粉，蒸肉粉我喜欢自己做，因为市售的蒸肉粉咸度不一，且里面添加了太多味精等成分，米粉也没有家里现炒的香。

需准备的材料：白米2小杯（约450克）、香辛料粉（十三香）3小匙，做法三步走——

一泡：将白米稍加淘洗后浸水2小时，沥水晾干备用。

二炒：将白米下锅，不放油，用中小火干炒；米粒炒至水分收干，锅中的些许米粒表面开始变黄，不要停，转小火继续翻炒（想要蒸肉粉香，米一定要炒香），炒至米粒金灿灿，在锅中开始"啪啪"爆响时熄火起锅，摊凉备用。

三研磨：家庭自制蒸肉粉的两大利器——小石磨和粉碎机。哪个顺手用哪个，把米粒研磨到略带一些小颗粒状的粉末即可，将香辛料粉末放入，拌匀即成。

自制蒸肉粉，用来蒸鱼、蒸肉、蒸蔬菜都百搭，一次多做点保存好，够用好几顿，很方便。

酱爆茄丁

便当构成：酱爆茄丁＋"诈蛋"＋拌豆苗＋土豆蒸米饭＋苹果

下饭拌面佐粥皆相宜的最百搭便当菜——酱爆茄丁

在“吃饭”这件事情上，有一类人是既好打发又难于打发的。

他们不挑食，有什么吃什么，来者不拒，很少听到他们抱怨这个不好吃那个不好吃。然而，可爱之人难免又有可“恨”之处，因为你更难从他们嘴里掏出“好吃、美味、绝味”等赞誉之词，我家先生归属这类人群，所以，可以想见当初我把这道便当菜呈上，收获到从他嘴里蹦出的“绝味”两个字眼时，有多么激动。受宠若惊之余恨不能急身起立向这位食客大人深鞠一躬致谢。

这道快手便当菜我家这位先生是真喜欢，以至于这些年以来，但凡我咬着笔头罗列下周或下下周午餐便当食谱的时候，他都会凑过来善意提点道：你那道酱爆茄丁可以列上一个。

酱爆茄丁，用富有肉感的紫茄子制作，茄香浓郁，咸香微辣，口感酥软滑嫩，是茄子“最百搭”的吃法，下饭、拌面、佐粥皆相宜，尤其适合带至公司作为午餐便当，微波加热之后美味也不打折扣。

原料：紫茄子 3 根，腌制好的肉末 150 克

调料：青、红辣椒 2 个，大葱 1 节，生姜 1 小块，干红椒 2 个，蒜瓣 2 粒，小葱 2 根，淀粉适量，盐适量，甜面酱 1 汤匙，红油豆瓣酱 1 汤匙，香醋 1 茶匙

制作过程：

1 将生姜、蒜瓣、大葱及小葱洗净切末备用；干红椒洗净去蒂及子剪成椒圈。

2 茄子洗净去蒂，滚刀切成 3～4 厘米大小的茄丁；青红椒洗净去蒂去子切块备用。

3 将茄丁放入大盆中，撒上适量淀粉，用手抓匀。

4 锅烧热注油（油量要多些），油烧热后将茄丁放入，用半煎炸的方式将茄丁煎至表面变黄焦香，青、红椒块也下锅一同煎炸。

5 将半煎炸好的茄丁和青、红椒块捞出，控油后备用。

6 锅内留底油，下姜末、蒜末、大葱末及干红椒圈炝锅煸香。

7 将腌制好的肉末下锅，用中小火煸至出油焦香，将肉末划至锅边。

8 将甜面酱及红油豆瓣酱各1汤匙拌匀。

9 将混合酱倒入锅中，就着肉末煸出来的猪油将酱料煸炒至红油渗出。

10 锅内加入清水（用高汤更好）小半碗，将锅内所有材料混合均匀，煮开锅后继续熬煮2～3分钟，注意用锅铲搅动以使酱汁和肉末充分融合。

11 将煎炸后的茄丁、椒块回锅，快速翻炒均匀后收汁。

12 锅内酱汁收稠浓后，试一下味，酌情加盐、调入香醋，推匀后撒上小葱末，掂匀锅中材料后盛出。

天籁微语

1. 菜品中用到的腌制肉末，是将三肥七瘦的猪肉末调入生抽1/2汤匙、老抽少许、白糖1/2茶匙、淀粉1茶匙、香油1/2茶匙、胡椒粉少许拌匀而成。

2. 因为混合酱中的甜面酱和豆瓣酱均带盐分，腌制肉末也已经有基础咸味了，所以本菜品加盐要慎重，酱汁收浓后试试味，再酌情少加或不加。

3. 办公室人士易“三高”，多吃茄子能降低胆固醇。茄子中的皂苷具有降低血液胆固醇的功效。研究数据表明：吃茄子后，人体内的胆固醇含量能下降10%。因而美国营养学家在介绍降低胆固醇的蔬菜时，将茄子排在首位。

萝卜干炒肉末

便当构成：萝卜干炒肉末+赤豆藜麦米饭+糖渍番茄

拯救食欲的怀旧午餐便当——萝卜干炒肉末

挥汗如雨的盛夏时节，这套三盒装的怀旧午餐便当是家里先生的至爱。

萝卜干炒肉末不用说了，从小吃到大的妈妈菜，永远勾人食欲；赤豆藜麦米饭，一钵粗粮杂豆饭，比任何白米饭都更能慰藉夏日慵懒疲怠的胃口；至于糖渍番茄，那是记忆中的"人间美味"！

对于"70后"，甚至很多"80后"，童年的记忆中，番茄是当水果来吃的。那时候的番茄中看又中吃，咬一口酸甜爆汁。家里厨房靠墙吊挂着的菜篮子，馋嘴的时候踮着脚尖摸过去，永远都不会让人失望。红红的大番茄洗洗直接上口吃已经美得不得了啦，偶尔妈妈会"舍"出两大勺"精贵"的白糖，将大半搪瓷盅子的切片番茄和白糖拌匀，浸到井水里冰镇个小半天，溽热难耐的夏日，抱着那盅"冰镇"糖渍番茄连汁带果肉的吞咽，小脑瓜子里闪念的恐怕唯有"人间美味"四个字啦。

家里先生是"苦孩子"出身，口味也特别恋旧，对于他来说，神马冰激凌、冰沙、奶昔、鲜榨汁的，都是浮云，夏日里最消暑的莫过于一大碗最质朴的糖渍番茄。菜场里红艳艳的本地番茄正当卖，提拎小半篮子回来，洗洗切切拌拌1分钟搞定装盒。井水现在是不容易有了，就搁冰箱里冰镇吧，午餐时拿出来，一样的好吃！

原料：萝卜干1袋400克，肉末1小碗（约160克）

调料：干红椒3个，小葱2根，白糖1/2茶匙，生抽1汤匙，老抽少许，香油少许，料酒1茶匙

制作过程：

1 将萝卜干放置于大碗中，用流动清水淘洗，去除部分盐分。

2 干红椒洗净去蒂，用厨用剪剪成椒圈；小葱洗净，切葱末。

3 将洗净的萝卜干挤干水分，切成黄豆粒大小的碎丁。

4 炒锅烧热，不放油，将萝卜丁倒入锅中反复翻炒，焙干水分后盛出。

5 将锅洗净揩干，上灶烧热下油，将肉末下锅炒散、炒香。

6 将红椒圈下入锅中，与肉末一同煸炒，淋入料酒炒匀。

7 将焙干水分的萝卜干回锅，与肉末一同翻炒均匀。

8 锅中调入糖、生抽、老抽翻炒均匀，视锅中情况沿锅边浇淋一点水。

9 将萝卜丁与肉末翻炒均匀，炒至锅中水分收干。

10 淋入少许香油炒匀，撒上葱末兜炒几下起锅。

萝卜干各地制法不一，一般带盐味，故本菜品可以不加盐，或酌情少加盐。

这道简简单单的家常菜，做得用心会更加分。萝卜干洗切好之后，不要直接上锅炒，多做一个净锅焙干水分的工作。萝卜干焙干了水分在后期与肉末等同烩时更易入味吸汁，口感也会更带几分爽脆脆。

吃法推荐：萝卜干炒肉末，除下饭、拌面、佐粥三种吃法，还可以试试将白馒头从中间掰开，但别掰断，然后舀一勺萝卜干炒肉末夹进去。类似于中式汉堡包的吃法尤其适合顽固的中式肠胃人士。

炝锅猪肝

便当构成：炝锅猪肝＋莲藕煨汤骨＋土豆蒸米饭＋火龙果

不必谈"虎"色变的营养便当菜——炝锅猪肝

猪肝归属于"下水杂碎"类。下水杂碎的划分又分畜类和禽类两大类。

畜类下水杂碎指肝类、腰子(肾)类、肚类、心肺肠类、头尾耳类、皮骨鞭类、舌脑血类、蹄掌蹄筋类;禽类下水杂碎指肝类、腰子(肾)类、胗类、肠心舌类、翅爪掌类、皮骨血类。

生活中,很多人对于畜类及禽类的下水杂碎,谈"虎"色变。其实不必,但凡食材,有其弊必有其利。下水杂碎,虽则带有特殊的"腥膻"异味,但如若将其清洗处理得当,烹饪时多加用心就可以最大限度地去除其异味,经过合理烹饪仍不失为一道可口的营养美食。此外,各类下水杂碎虽然大多胆固醇含量偏高,但同时又具有其他食材不可比拟的特殊营养价值,控制好摄入量也一样放心食用。

上班族整天面对电脑久坐,大多存在用眼过度等问题。猪肝作为食材,最大的功效便是明目、补血。日常膳食中安排吃些猪肝,可以防止眼睛干涩,缓解疲劳,对视力修复以及保持身体骨骼的健康极其有益。

猪肝的家常吃法多种多样,蒸炒、焖卤、蘸酱、凉拌、汆汤煮粥面,风味各异。其中"炝锅猪肝"是我家厨房的保留菜目,鲜嫩滑口,麻辣咸香,一筷入口,舌头上过尽千般滋味。

原料: 猪肝 1 块(150 克),黄瓜 1 根

调料: 小葱 2～3 根,干红椒碎 6 克,花椒粒 3 克,柠檬汁几滴,盐适量,胡椒粉 1/4 茶匙,料酒 2 汤匙,白糖 1/2 茶匙,水淀粉 2 汤匙,豆豉酱 3/2 汤匙,高汤小半碗

制作过程:

1. 将猪肝用流动水漂洗干净,再取清水浸泡,清水中滴入几滴柠檬汁(去腥)。
2. 将猪肝浸泡至表面发白无血水渗出(1 小时左右,需多次换水),再次洗净沥水后切片。

3 将猪肝片放入大碗中，加少许盐、胡椒粉，调入1汤匙料酒拌匀，腌制10分钟。

4 利用腌制猪肝的时间来处理黄瓜，将黄瓜洗净刨成长条薄片，铺垫于便当盒中。

5 锅中放清水，煮开，将猪肝片投入沸水锅中汆至变色，快速捞出沥水备用。

6 炒锅烧热注油，下3/2汤匙豆豉炒香。

7 加入高汤用大火烧开，淋入料酒1汤匙、白糖1/2茶匙、盐1/4茶匙、胡椒粉1/8茶匙搅匀。

8 将汆烫过的猪肝倒入锅中快速掂匀吸汁入味。

9 锅中淋入水淀粉勾芡汁，推匀。

10 将已收汁的猪肝片快速起锅，倒入铺垫有黄瓜片的便当盒中。

11 另取一锅烧热注油，三四成油温时将干红椒碎、花椒粒放入锅中炸至煳辣香味浓郁。

12 将刚炒香的调配料浇淋于猪肝片上，并将小葱洗净切末撒在上面即成。

天籁微语

1. 猪的肝脏是其体内最大的毒物中转站和解毒器官，带有内脏器官特有的腥膻味。所以买回来的食用猪肝，烹调之前要进行解毒、去除腥膻气味的处理，浸泡、腌制、汆水三步走是很好的方法。尤其是用加入柠檬汁的清水浸泡，个人感觉去腥增香效果比用白醋更好。

2. 想要烩猪肝不“老”，要注意两点：一是肝片不要切得太薄，0.5厘米左右的厚度比较合适；二是烹饪过程中力求快速，汆水的时间以6～7秒钟为最好，才能保证肝片的嫩爽口感，下锅烩炒的时间也要把控好，尽可能短。

3. 适量进食猪肝，可保证摄入营养的全面均衡，更有益于身体健康。特别是家有老人和小朋友，建议每两三个星期吃一次猪肝。

豉香苦瓜炒肉

便当构成：豉香苦瓜炒肉＋卤水鸽＋五色豆丁菜蒸米饭

心里有个地方变得软软的——豉香苦瓜炒肉

有谁小时候没给父母“骗”过?有吗?估计很少吧。那些善意的“骗”,现在回想起来,挺可爱的。

你看,巷子头的王家小妹妹,最近性子变好了。每回想发脾气的时候,把她自个的细脖子摸一摸,坏脾气就一下子烟消云散了。什么原因?据说和她妈妈有关。王家妈妈带着她,去看望一位甲亢(甲状腺功能亢进症)病人,然后偷偷地告诉她那人为什么会得这病——生气生的!你要一直这么乱发脾气,将来脖子就会变得比他还要粗!瞧,王妈妈这一“骗”,把小姑娘的坏脾气治好了。你再看隔壁陈家大哥哥又在抱着那盘绿菠菜吃个不停,那八成是陈家伯母才“骗”过他,多吃菠菜才能长力气。喏,那边李家的胖姐姐又在愁眉苦脸地啃黄瓜了,李家婶婶躲在后面偷着乐呢……

我小时候也没少给妈妈“骗”,吃苦瓜算得上一个吧。女孩子慢慢长大了,都会爱美爱俏,妈妈就抓住这个心理,今天搬出一套理论,明天搬出一个说法:吃苦瓜防治青春痘,吃苦瓜能美容养颜啊,吃苦瓜能减肥……变着花样“骗”我吃这万能的瓜。

现在回想起那个时候,心里有个地方就变得软软的,心疼妈妈,养个女儿多不容易啊。而且,回味起来,其实那时妈妈烧的苦瓜菜,也并不是很苦,不难吃啊。

原料:苦瓜 1 根(385 克),猪肉 1 块(180 克)

调料:生姜 1 块,蒜瓣 3 粒,小干红椒 7 个,干豆豉 5 克,豆豉油辣椒 15 克,精盐适量,生抽 1 汤匙,老抽 1 茶匙,白糖 1/2 茶匙,水淀粉 3/2 汤匙;腌肉调料:生抽 1 汤匙、老抽少许、白糖 1/2 茶匙、淀粉 1 茶匙,香油 1 茶匙,胡椒粉少许

制作过程:

1 将猪肉洗净,顺纹切成大薄片。

2 将肉片放入碗中,加入腌肉调料拌匀,腌制 10 分钟左右备用。

3 将苦瓜洗净，切去头尾对半剖开，软肉层的瓜瓤用勺挖除，斜切成条块状备用。

4 将苦瓜片纳碗，撒上 1/4 茶匙精盐掂匀，腌制出水；干豆豉清水稍加浸泡，变软后捞出。

5 将生姜切片，蒜瓣去皮切片，干红椒洗净去蒂，喜吃辣的可将辣椒剪成段。

6 下锅之前将材料都备好，苦瓜腌制后将渗出的苦汁水倒掉，用流动清水冲洗掉盐分。

7 炒锅烧热注油，将肉片下锅炒散，变色即盛出。

8 就着锅内底油，将蒜片、姜片及干红椒入锅用小火煸香。

9 将浸泡过的干豆豉下锅煸香，将豆豉油辣椒下锅煸至红油渗出。

10 将苦瓜片倒入锅中，转大火翻炒，下盐调味。

11 将肉片回锅翻炒，锅中添加生抽、老抽、糖及适量盐调味。

12 所有材料兜炒均匀入味后，淋入水淀粉勾个芡，快速兜匀起锅盛出。

天籁微语

虽说“苦瓜不苦那还能叫苦瓜吗?”但是，“苦”的滋味的确不是每个人都愿意品尝的。怎么让畏“苦”如虎的挑嘴人士也爱上这口苦瓜菜?试试从三个环节入手，让苦瓜变得不太“苦”：

1. 采购环节：挑选苦瓜有诀窍，纹路密的苦瓜味浓，相反，纹路宽的苦味就淡。

2. 烹饪前：用少许精盐抓腌一下，有助于减轻苦瓜的苦涩味，并且炒出来的苦瓜更脆口；烹饪之前将苦瓜放入冰箱冰镇一下，也可以有效减少苦味。

3. 烹饪中：烹饪时试试调入少许白糖，炒出来的苦瓜苦中回甘，甜丝丝的味道更爽口。搭配鸡蛋、虾皮、鲜肉、豆豉等等鲜口食材一同烩炒，也可以有效减轻苦瓜的清苦味。

尖椒炒月饼

便当构成：尖椒炒月饼＋老面馒头

中秋过后的“黑暗料理”——尖椒炒月饼

这是一道怀旧菜，勾起无限青涩回忆的“食堂奇葩菜”。

还记得那些年我们追过的高校食堂“黑暗料理”吗？尖椒炒月饼之外，什么桃子烧豆腐、生菜炒青菜、番茄炒菠萝、追忆扁豆、销魂藕片、苹果炒西瓜、玉米炒葡萄……这一道道食堂妈妈师傅们天马行空、创意无限的“黑暗料理”，在有限的大学生涯中你是否有幸邂逅，一睹芳泽，亲密接触？

闲来无事，来解析解析这道月饼菜。中秋过后炒月饼的出现，我想食堂妈妈师傅们的本意也是抱着不浪费的原则，配料方面，主要是尖椒和黑木耳，倒也可圈可点，尖椒辛辣、解腻、提味，黑木耳吸油清肠、口感爽脆，些许醋的添加，也增香提鲜。叫法上是“炒”，炒月饼，但是做法上实际是“拌”，起锅前将月饼下入，快速拌炒即起锅，所以虽说是混搭菜，但是月饼从形到味，仍能保持相对“独立”。而且，如果制作时选择咸鲜口味的月饼，如咖喱牛肉味的月饼，火腿馅玉米味的月饼等，炒拌出来的这道月饼菜，是可以给它一定认可度的，个人觉得并不会是想象中的那样难以入口。

原料：玉米味月饼2个(50克/个)，燕麦味月饼2个(50克/个)，青、红尖椒6个，泡发黑木耳1小碗(约150克)

调料：盐适量，黑豆豉5～6粒，香醋1茶匙，豉油1汤匙

制作过程：

1 将月饼拆开包装，切成两半备用(如果是100克/个的大月饼可以一分四)。

2 尖椒洗净去蒂，控水后斜切成段。

3 如若不太能吃辣，可将切好的尖椒用清水淘洗掉辣椒子，以减轻辣味。

4 将泡发的黑木耳搓洗干净，特别脏的地方可以撒点盐再搓净，将洗净的木耳手撕片状备用。

5 铁锅烧热注油，油温三四成热时将尖椒段下入锅中翻炒，以中小火力不断翻炒，炒至水分收干，椒皮收缩起泡，香味溢出。

6 将辣椒段拨至锅边，将豆豉下入锅中煸香，再将黑木耳控干水分，倒入锅中用大火翻炒。

7 炒至黑木耳在锅中叭叭作响时，调入豉油、盐、香醋炒匀，月饼下锅。

8 将月饼块与锅中材料快速拌炒均匀，起锅盛出。

天籁微语

1. 尖椒炒月饼，月饼挑选咸鲜口味的入馔，口味比较搭。如玉米味的月饼、咖喱牛肉味的月饼、火腿馅的月饼等，如果是纯甜味馅的，如莲蓉、豆沙等等，成菜口感确实会比较怪异。

2. 炒尖椒要炒透才好吃。控制中小火候，慢慢炒，千万不要加水，炒至呈焦香状时辣椒特有的香味就出来了，这时调点豆豉翻炒，整道菜的咸鲜味就基本定型了。

3. 尖椒炒月饼，叫法上虽是“炒”，实则是快速“拌”，锅中汤汁要收得比较干，临起锅前才将月饼下锅，快速拌炒几下即起锅。这道菜千万不要做得湿嗒嗒的，一锅糊就难吃到家了……

辣椒外婆蛋

便当构成：辣椒外婆蛋＋红枣枸杞蒸米饭＋红苹果

火辣辣的鲜香好滋味——辣椒外婆蛋

如果要问有什么东西是我从小到大吃不厌的，鸡蛋绝对算得上其中一项。

记得小时候，双职工家庭，父母忙着上班、加班、争先进，顾家的时间并不多。平日里的餐桌，菜色一般都不会很丰富，但如果偶尔能有一盘鸡蛋菜，哇，那对我来说就是一桌盛宴。

爸爸最常做的是煎荷包蛋，蛋煎好之后不急着起锅，往锅里撒上一些葱段，滴几滴酱油，浇点水，把锅盖一扣，焖个一两分钟再起锅盛盘，那样煎出来的荷包蛋，蛋边焦脆，酱香、葱香裹着松软的鼓鼓的蛋黄，香到……呵呵……受不了……小丫头片子时，觉得人间美味不过如此。

等到后来再大点，有机会回到妈妈的老家，一个盛产辣椒的地方，吃到一盘外婆亲手烧的辣椒荷包蛋，才知道原来人间美味之中更有人间美味。辣椒外婆蛋，相比起爸爸的煎荷包蛋更进一步，会用到外婆家手工剁的脆鲜剁椒，用到新鲜的青、红尖椒，用到香辣的豆豉酱，三味辣中有着细微的差异，有的微甜，有的微呛，有的辣中带脆，三辣合一出来的"辣"，味之无极，再将煎制的荷包蛋切块后汇入其中，吃起来让人鼻尖额头冒汗，越吃越辣，越辣越想吃，够劲到让人连吞三碗米饭不为过。

原料：鸡蛋 4 个，青、红尖椒 8～9 个

调料：生姜 1 块，大葱 1 节，小葱 5 根，蒜瓣 4 粒，脆鲜剁青椒 2 汤匙，辣豆豉酱 2 汤匙，干豆豉 2 克，盐适量，鲜酱油 1 汤匙，白糖 1/2 茶匙，香醋 1茶匙

制作过程：

1. 煎锅烧热注油，将鸡蛋磕入锅中双面煎制。
2. 煎制过程中，可用锅铲将蛋黄戳破，使煎好的鸡蛋蛋形平整便于切割。
3. 依次将4个鸡蛋煎好，用刀将每个鸡蛋分切成4～6块。
4. 青、红尖椒洗净去蒂，切椒圈，如怕过辣，可将椒圈用清水淘洗去子以减轻辣度。
5. 生姜切片，蒜瓣去皮切片，干豆豉清水浸泡备用。
6. 将大葱段洗净，切厚圆片；小葱洗净，切成小葱段备用。
7. 炒锅烧热注油，将大葱片下入锅中，用小火煸香后捞出备用。
8. 把青、红椒圈下入锅中，用小火耐心地煸炒，炒至水分收干、辣味溢出，再把姜片、蒜片下锅煸香。
9. 将锅中材料拨至锅边，将豆豉、脆鲜剁青椒、辣豆豉酱下入锅中煸香。
10. 将煎鸡蛋块倒入锅中翻炒，淋入鲜酱油，调入白糖、香醋、盐炒匀。
11. 将香煎过的大葱片倒入锅中兜炒均匀。
12. 将小葱段撒入锅中，快速掂锅翻炒几下，熄火盛出。

天籁微语

1. 这是一道很具地方风味的辣椒鸡蛋菜，干香浓郁，咸鲜香辣，让人越辣越想吃，超级下饭。

2. 作为食材，辣椒有其两面性，好的一面就是辣椒含有丰富的维生素、充足的膳食纤维和人体易吸收的胡萝卜素，热量较低，适量进食可以刺激食欲，让人胃口大开；坏的一面就是，辣椒中的辣椒素会剧烈刺激胃肠黏膜，诱发胃肠疾病，因此，凡患食管炎、胃肠炎、胃溃疡以及痔疮等病者，均应少吃或忌食辣椒。

雪菜炆酥鲫鱼

便当构成：雪菜炆酥鲫鱼＋凉拌双色萝卜丝＋玉米蒸米饭

乡情满满的下饭便当菜——雪菜炆酥鲫鱼

清明小长假，跟往年一样随家里先生回乡过清明。想起当年跟随着丈夫第一次回乡，身为湖北人的他很自豪地跟我说“湖广熟，天下足”，夸赞着素称“鱼米之乡”的江汉平原，那情景恍如昨日。傍晚时分抵达。屋外寒风冷雨，屋里头早已经摆上一桌热腾腾的饭菜，正等着饥肠辘辘的我们。

腌雪菜炆鲫鱼，是满桌乡情满满的家乡菜中最吸引我的一道，咸香鲜美，透味十足。鲫鱼是先煎过的，煎得酥脆干香；腌雪菜是先炒过的。焙干水分后的腌雪菜和鱼在柴火灶上小火慢慢地炆，炆到最后鱼肉酥软香醇，腌雪菜油亮香浓，鱼也罢菜也罢，滋味交融真的好吃！这道菜里还有一样美味——鲫鱼子。老家的婶婶们烧鱼时，鱼子不丢，鲫鱼肚清理干净后将鱼子再塞回去一同烧，烧出来的鱼子色泽金黄，粉糯香美。

丈夫的家乡菜是我的拿手菜！市场上拎回一条鲜活的鲫鱼，用老家带回来的腌雪菜烧一道雪菜炆酥鲫鱼，今天的午餐便当，乡情满满，他一定喜欢的！

原料：鲫鱼 1 条（净重 265 克左右），雪菜 280 克

调料：小葱 1 小把，生姜 1 块，蒜瓣 4 粒，干红椒 5 个，大葱 1 节，花椒 15 粒，盐适量，料酒 1 汤匙，白糖 1 茶匙，生抽 2 汤匙，老抽 1/2 汤匙，胡椒粉少许

制作过程：

1 将斩杀好的鲫鱼清洗干净，特别是鱼腹内的黑膜一定要刮干净（去腥），在鱼身内外抹少许盐、胡椒粉，轻拍料酒腌制备用。

2 雪菜用清水浸泡后漂洗干净备用，视咸度轻重决定浸泡时间长短和换水次数。

3 生姜洗净切片，大葱斜切成段，蒜瓣去皮，干红椒洗净去蒂，小葱洗净切段备用。

4 将洗净的雪菜挤干水分后切成碎丁状。

5 将腌好的鲫鱼用厨用纸巾拭干鱼身表皮的水分。

6 煎锅烧热注油，将鲫鱼排入锅中，煎至双面微黄焦香盛出。

7 炒锅烧热，不放油，将雪菜碎丁挤干水分下入锅中，用中小火焙干水分后盛出。

8 将炒锅洗净揩干，将锅烧热后注油，下花椒粒爆香后捞出扔掉，将姜、蒜、葱及干红椒下锅煸香。

9 将焙干水分的雪菜碎丁也下入锅中，用油爆炒至酸香味溢出。

10 锅中加水大半碗，调入料酒 1 汤匙，白糖 1 茶匙，生抽 2 汤匙，老抽 1/2 汤匙，用大火煮开锅。

11 将煎香的鲫鱼放入锅中，与雪菜一起焖煮。

12 煮至汤汁收浓、收干，鱼肉香浓透味之时，撒上葱段，将锅中材料掂匀起锅。

天籁微语

1. 这道便当菜，使用的是腌制雪菜，一般咸度很重，使用之前需要将其用清水浸泡，去除部分盐分并使杂质沉淀，清洗干净再进行后续的操作。

2. 因雪菜比较咸，所以菜品烹饪中一般不需要再加盐，或依据个人口味酌情加盐。雪菜下锅煸炒之前，增加一个“净锅焙干”的操作，既利于烩炒时吸汁入味，又能使口感更爽脆。

你忍心让亲爱的他，专注于手头繁忙工作的同时，还要跟咕咕作响的肚子作战吗？答案当然是『不』！事业上升期的他是用什么积累的加速度？就是用工作量叠加的。健康的继续是营养，营养的继续是生命，将新鲜时令、可口中意的食物，连同浓浓的关爱，一并收纳进便当盒中，让他揣上便当去上班！

老公最爱的下饭便当

茄子烧虎皮椒

便当构成：茄子烧虎皮椒＋水煮鸡蛋＋芝麻红薯蒸米饭＋火龙果＋杏仁

惹味十足的私房便当菜——茄子烧虎皮椒

小时候家里的菜都会带点辣味。不管是炒肉丝、炝土豆、炖牛肉还是凉拌茄子，妈妈总喜欢烧菜时配点辣椒进去提味，说是从营养保健书上看到的，辣椒中维生素C的含量在蔬菜中排名第一，辣椒中含有的辣椒素能增进食欲。

偶尔，配菜用的辣椒也会跻身主角行列，最够味的当然就数虎皮青椒了。

妈妈那一辈的人做虎皮青椒通常都是无油干煸，是一种很节约用油的做法。生铁锅里先不倒油，开火把锅烧热，然后将水灵灵绿油油的辣椒一个个丢进锅干煸，煸的过程中不停地用锅铲挤压辣椒，使辣椒可以更紧密地贴近锅壁，锅的热度逐渐将辣椒里的水分烤干，然后贴着锅壁的那一面辣椒皮开始出现斑驳的焦煳点，这一块块的印子就像老虎毛皮上的花纹一样，这也是虎皮青椒得名"虎皮"的原因。

那个年代家家户户的厨房灶台上大多只挂一个小换气扇来排烟换气，根本起不了多大作用，所以每回妈妈做虎皮青椒时，一屋子的辣椒味呛得让人想咳嗽，虎皮椒还没出锅，守在饭桌前的人舌底已津液泛滥。

长大后才知道，虎皮青椒的做法可不只家里这一种。在餐馆里吃到这道菜，你会发现口感和家里干煸出来的不一样，"虎皮"斑更均匀，辣椒吃起来也更软绵，这是因为餐馆"偷懒"，用的是"油炸"的方式使青辣椒快速"脱水起皱"。家常的味道和餐馆终究是不同的，要问哪一种好，自己试试就知道了。

原料：紫皮茄子3个，青、红辣椒7个，五花肉1块（135克左右）

调料：生姜1块，青蒜白2根，红辣椒1个，精盐适量，黄豆酱1汤匙，生抽1汤匙，老抽1茶匙，白糖1/2茶匙，香醋1茶匙

制作过程：

1. 将猪肉块置于清水锅中，再把生姜皮切下来入锅同煮，用大火煮开锅后将浮沫撇掉转中火。

2 将肉块煮至用筷子试插无血水渗出时捞出(约15分钟)即得水煮肉块,将其摊凉后切片。

3 青辣椒洗净去蒂、去子,铁锅里先不倒油,开火把锅烧热,将水灵灵、绿油油的辣椒一个个丢入锅中干煸。

4 煸的过程中不停地用锅铲挤压辣椒,使其表面出现虎皮斑,煸好一面再换一面,将辣椒干煸至水分蒸发,变蔫变软盛出,切成小块。

5 将生姜切丝,红椒去蒂、去子切丝,青蒜白切段备用。

6 茄子洗净去蒂,切滚刀块状,撒少许精盐抓匀,腌制10分钟左右。

7 将茄块"杀"出来的黑水倒掉,用水冲洗掉附着的盐分,控水后入锅,用少量油炒至变软盛出。

8 炒锅烧热注油,油温起来后下姜丝煸香,将肉片下入锅中煸炒。

9 将虎皮椒回锅,混合肉片翻炒均匀。

10 将茄子回锅,调入黄豆酱、生抽、老抽、糖、盐、香醋炒匀。

11 将红椒丝及青蒜段撒入锅中。

12 将所有材料兜炒均匀即可出锅。

天籁微语

1. 水煮肉块的做法可简可繁。可以只放一点姜片下去煮,也可以添加八角、桂皮等香辛料进去同煮,风味更佳。

2. 水煮肉块在便当料理中使用广泛。将五花肉块水煮至熟,既去腥又减油腻,便于保存的同时还可大大缩短烹饪时间。制好的水煮肉块放入冰箱冷藏保存,随取随用,可以搭配各式食材成就快手烩炒菜,吃起来解馋又不油腻。

菜心香菇酿

便当构成：菜心香菇酿＋茶叶蛋＋红枣蒸米饭＋橘子

1+1>2 家常菜速成法——菜心香菇酿

家常菜，最好吃的做法往往是最随意简单的。

酿菜，我一向钟情，也是家里极受欢迎的菜式。“酿”器大多是手边随手可得的家常食材，可以用豆腐来酿，用香菇来酿，用青辣椒、红辣椒来酿，用苦瓜、西葫芦瓜来做酿菜也屡见不鲜。制作酿馅及底料的选料范围就更广了，各色时令菜蔬，鱼虾、禽畜肉，菌菇、蛋、豆制品等皆可入选。1+1 而成的酿菜，其丰富的口感往往是大于 2 的。

这道美味的菜心香菇酿，也是很随性而成的快手便当菜。搜罗搜罗冰箱里的库存，能做酿器的整个当做酿器，能做酿馅的都挑出来制成内馅，1+1+1 组合，肉、海鲜有了，菌菇类也不缺，绿叶蔬菜也齐了，把它往便当盒里一放，带走。图省事的酿菜便当端上桌，下饭、营养、美味一个都不误。

原料：菜心 100 克，香菇 55 克，肉末 120 克（肥瘦相间），玉米粒 25 克，海米 15 克

调料：大葱末 2 克，蒜末 2 克，姜末 2 克，盐适量，淀粉适量，鲜酱油 3/2 汤匙；肉末腌制调料：生抽 1/2 汤匙，老抽少许，白糖 1/2 茶匙，淀粉 1 茶匙，香油 1/2 茶匙，胡椒粉少许

制作过程：

1. 将肉末纳碗，加入腌制调料拌匀，腌制 10 分钟左右备用。
2. 香菇用清水浸泡洗净，将香菇蒂头去除；玉米粒洗净，入沸水中汆烫至断生；海米用清水淘洗，浸泡备用。

3 将香菇水分挤干(小心不要将香菇外形损坏),在其内侧轻拍一层薄薄的淀粉。

4 将腌制好的肉末与玉米粒混合制成内馅,酿入香菇中,稍稍压实整好形。

5 平底煎锅烧热注入少许油,将香菇酿肉馅面朝下排入锅中,煎至定型,翻面煎香盛出。

6 依上述做法,将香菇酿一一煎制完成。

7 煎锅内留底油,把海米下入锅中煸香,再将蒜末、姜末、葱末下入锅中煸香,然后往锅内注入清水(或高汤),调入鲜酱油煮开锅。

8 将煎制后的香菇酿浸入锅中的酱汁中,焖煮至入味香浓。

9 将菜心洗净入锅氽烫,水中滴几滴食用油,撒少许精盐,菜心氽烫至断生捞出,挤干水分后铺入便当盒中。

10 将香菇酿起锅摆放在菜心上,再把锅中的酱汁浇淋在菜面上即成。

酿菜,是非常有意境的传统菜肴。酿,是传统叫法,又称作"瓤",瓜瓤之"瓤",是在一种原料中夹进、塞进、涂上、包裹入另一种或几种其他原料,然后制熟成菜的方法。

酿菜因由两种或两种以上原料合成,所以较之一般的菜肴口感更为丰富,具有三大鲜明的特点——

特点之一:口感复合。酿菜一菜之中可以品尝到两种或多种原料的味道。

特点之二:造型美观,形态饱满,色泽艳丽。因为是两种或两种以上原料相加,这就给制作者提供了创作的余地,因而绝大多数的酿菜在造型、色彩上比一般菜肴更具特色。

特点之三:菜品丰富,成菜数量众多。酿菜,可以蒸酿、可以煮酿,还可以炸酿,因而,制作酿馅及底料的选料范围较广,各色时令菜蔬,鱼虾禽畜肉,菌菇蛋,皆可入馔。

橄菜肉末炒豇豆

便当构成：橄菜肉末炒豇豆＋白菜心拌鸡丝＋石榴粒米饭＋橘子

夹馒头拌饭吃倍儿香的开胃便当菜——橄菜肉末炒豇豆

夏天其实喜欢吃简单菜，这也是这道橄菜肉末炒豇豆很受家人欢迎的原因。每次端上桌，家里先生就吆喝道："掌柜的，再上俩老面馒头！"将大白馒头掰开，不掰断，挖一大勺橄菜豆碎塞进去，馒头合拢夹住，咬一口塞馅的馒头，就一口稠稀适宜的绿豆粥入喉，是某人惬意的夏日餐食搭配……

今儿就给他带一份最爱的下饭便当吧，馒头就算了，改上米饭，便于加热食用。

原料：豇豆 280 克，肉末 1 小碗(约 120 克)，泡发黑木耳 100 克

调料：青、红尖椒 2 个，生姜 1 小块，橄榄菜 1 汤匙(带汁)，鲜酱油 3/2 汤匙，盐适量，料酒少许；肉末腌制调料：生抽 1/2 汤匙，老抽少许，白糖 1/2 茶匙，淀粉 1 茶匙，香油 1/2 茶匙，胡椒粉少许

制作过程：

1 将肉末置于碗中，加入腌制调料拌匀，腌制10分钟左右备用。

2 将豇豆入清水盆中浸泡，再用流动水冲洗干净。

3 把青、红尖椒洗净去蒂，切成椒圈；生姜切末；黑木耳洗净，切碎丁备用。

4 将洗净的豇豆摘除两头、抽去老筋，切成豇豆碎。

5 炒锅烧热注油，油温达到四五成熟时将豇豆碎倒入锅中反复煸炒，至水分收干、表皮收缩微黄，调入少许盐炒匀盛出。

6 将锅洗净揩干，再次烧热注油，将腌制好的肉末倒入锅中煸炒。

7 肉末炒至变色出油溢香时，将橄菜倒入锅中煸香，加入黑木耳碎同炒。

8 将豇豆碎回锅，与锅中材料一同翻炒均匀。

9 锅中喷入少许料酒炒匀，再调入鲜酱油、盐炒匀。

10 将青、红椒圈倒入锅中，所有材料一起兜炒均匀，起锅盛出。

炒好这道下饭的便当菜，配料、做法有点小讲究：

1. 不要用纯瘦肉，选用肥瘦相间的肉末，炒出来油润鲜香更好吃。

2. 想要整道菜要吃出干香的口感，全程不要加水。

3. 炒制过程中要想将豆碎及肉末分别煸炒到最佳的口感，就要先将橄菜也煸出香味，然后再将所有食材烩炒成菜。

4. 煸炒豇豆碎的时候，要适时加点盐，因为豆碎水分收干后会难以吸入盐分，所以单独煸炒豆碎的时候就要添加，可以给其定一个基础咸度。

5. 橄菜带咸味，本菜品烹饪过程中，精盐的调加要酌情、适度把控。

韩式泡菜炒梅花肉

便当构成：韩式泡菜炒梅花肉＋什锦拌菜＋甜豌豆蒸米饭

惹得人口水横飞的开胃下饭便当
——韩式泡菜炒梅花肉

天气渐渐炎热，胃口也变得很挑剔，既要清淡又要清而不淡，既想解馋又怕油腻，怎么办？试试这道简单易做的泡菜炒梅花肉，清脆爽口，酸辣咸鲜，便当盒子一开启，霸道劲儿就惹得人口水横飞，胃口顿开。

这道让人口水涟涟的菜也是小时候的大爱。那时住的是父母单位宿舍楼，楼里都是相熟的人。逢到哪家厨房里炒这道菜，呀，不得了，这菜的酸辣味儿霸道得很，弥散半层楼，诱得左邻右舍的人都要探个头进来狠吸一鼻子，有些俏皮的小年轻馋不过，直接用手在锅里捏上一块就丢嘴里了。

现在家庭厨房"装备"比父母那时候强多了，大功率的抽排油烟机比起当时小风扇似的排气扇不知道强劲了多少。可是，每每我在厨房里做这道便当菜时，还是颇有些狼狈。一阵阵从锅中窜出来的味儿，酸中带辣，辣中带呛，呛中回甘，让人一边炒一边得拼命地管住自己的口水，还得管住自己想直接在锅中捏一块偷吃的欲望……

原料：韩式切件泡菜165克（带汁），猪梅花肉200克

调料：生姜1小块，大葱1小节，蒜瓣2粒，小葱1根；肉片腌制调料：生抽1茶匙，老抽少许，白糖1/2茶匙，淀粉1茶匙，胡椒粉少许，香油1/2茶匙

制作过程：

1 将猪梅花肉洗净，顺纹理切大薄片。

2 将肉片纳入大碗中，添加腌制调料拌匀，腌制10分钟左右备用。

3 将大葱洗净切丝，生姜切末，蒜瓣去皮切末备用。

4 将韩式切件泡菜粗斩几刀，将其切成更小块以便入口。

5 煎锅烧热注入少许油，掂匀锅，使油均匀布满锅壁，肉片尽量平铺入锅，煎至两面焦香盛出。

6 就着锅内的底油，将葱丝、姜末、蒜末入锅煸香，将泡菜连汁一同倒入锅中。

7 用大火翻炒，炒至酸辣味溢出，将肉片回锅。

8 将锅中材料翻炒均匀，撒上小葱末即可盛出。

天籁微语

韩式泡菜酸度、咸度足够，本菜品烩炒时可以不再加任何调味料。

泡菜用途很广，除了炒肉类，也适合炒素菜，如泡菜炒藕片、炒黄瓜等也很好吃；或用来制作泡菜薯饼等，酸香开胃勾人食欲。

泡菜制作原料以蔬菜瓜果为主，味美嫩脆，富含乳酸，维生素B_{12}含量丰富。适量进食泡菜能增进食欲，帮助消化，是减肥人士首选的低热能好食材。

豉椒小炒肉

便当构成：豉椒小炒肉＋炸蛋＋甜豌豆蒸米饭＋柠檬蜂蜜水

永不落伍的"饭遭殃"——豉椒小炒肉

还记得妈妈的拿手菜吗？

那些从小吃到大，陪伴童年的怀旧美食，出自妈妈的双手，曾给我们带来多少快乐？

时间流逝，它们的身影并没有消退，反而在日积月累里更加清晰、真切。闻着它们的香味，就好像感觉永远不会长大。它们有着神奇的力量，将灯光和市声笼罩下的城市的浮华，像揭面纱一样揭去，裸露出最家常的表情，鲜活有力，生气勃勃，让人怦然心动。

多年之后，与这些美食的不期而遇，有一种久违的深长的感动。使我们在这个粗糙而刚硬的世界中备受磨砺的心灵渐渐地柔软起来，湿润起来……

豉椒小炒肉，妈妈的拿手菜，也是我记忆中难以忘却的滋味。因为爱吃，自己成家后也常做，一来二去的就也成了我的拿手菜，再继而，又成了老公最爱的下饭便当菜。每每将这道老公预约好的便当"饭遭殃"奉上时，都不忘在他的米饭便当盒里，再多扣上一大勺白米饭。

原料：五花肉 1 块(约 170 克)，青辣椒 2 个，红辣椒 2 个

调料：豆豉 5 克，生姜 1 片，大葱 1 小节，小葱 2 根，料酒少许，生抽 1/2 汤匙；腌肉调料：生抽 1/2 汤匙，老抽少许，白糖 1/4 茶匙，淀粉 1 茶匙，香油 1/2 茶匙，胡椒粉少许

制作过程：

1. 将五花肉块洗净，连皮带肉切成薄片备用。
2. 将肉片纳入大碗中，添加腌肉调料拌匀，腌制 10 分钟左右。
3. 青、红辣椒洗净去蒂、去子，切条丝状待用；小葱洗净切末。
4. 姜片切丝，大葱切丝，豆豉用料酒稍加浸泡变软备用。
5. 煎锅烧热，抹一层薄油，将五花肉片排入锅中煎制，煎至出油焦香肉片微微卷起盛出。
6. 就着五花肉片煎出的油，将青、红椒丝下入锅中反复煸炒。
7. 炒至椒皮收缩起油泡泡时，把椒丝拨至锅边，将豆豉下锅煸香，将姜丝葱丝下锅煸香。
8. 肉片回锅，喷入少许料酒炒匀，淋入生抽 1/2 汤匙炒匀，撒入小葱末兜炒两下起锅盛出。

1

2

3

4

5

6

7

8

天籁微语

1. 这道便当菜好吃，肉片的煎制煸炒很重要。五花肉片一定要煎煸到出油，焦香透明，微微打卷后再烩炒，这样吃起来才能香味浓郁又不油腻。

2. 辣椒也一样，一定要反复炝煸，煸炒到表皮起油泡泡脱水发皱，才能去除鲜辣椒特有的“青”涩味道，待与肉片烩炒时，更易饱吸五花肉的浓郁肉香，吃起来干香、沁甜、够劲。

千张炒肉丝

便当构成：千张炒肉丝＋水煮鸡蛋＋芝麻红薯蒸米饭＋冻柿

让“煮妇”偷个懒的快手营养便当菜——千张炒肉丝

守岁、放鞭炮、拜年、吃吃喝喝、晒太阳发呆。稀里糊涂地就又把“年”给过完了。年前，我们回家，风驰电掣赶回的家，是爸爸妈妈的家；年后，我们回家，归心似箭般赶回来的这个家，是我们仨的小小家。

一个又一个的春节就这样，在家与家之间，在这一去一返的八百公里高速上画上圆满的句号！有时候也犯迷糊，哪一个是我真正的家？心里头的“家”到底在哪一边？或许也不必自我纠结，心在哪里、情在哪里，哪里都是家。

过年把人给过懒了。明天又该回到正常轨道了，开工的开工，开学的开学，“煮妇”该张罗午餐便当内容啦。晚餐桌上吆喝一声：“明天想带什么？”一个、两个都手指那盘近期上桌频频的千张肉丝，齐声答道：“就它！”呵呵，正中下怀！这菜好做，材料简单、制作简单，好吃下饭又快手，小意思！懒主妇可以顺势再懒上一把。

原料：千张1张，猪肉丝100克

调料：青椒1个，红椒1个，细青蒜白3～4根，盐适量，生抽1汤匙，老抽少许，豉油1汤匙，高汤2～3汤匙；肉丝腌制调料：生抽1/2汤匙，老抽少许，白糖1/2茶匙，淀粉1茶匙，胡椒粉少许，香油1/2茶匙

制作过程：

1 猪肉丝置于碗中，添加肉丝腌制调料拌匀，腌制10分钟左右备用。

2 锅内坐水煮至微开时熄火，加入1/4茶匙盐搅匀；千张切丝放入热水中划散，汆烫1～2分钟后捞出沥水备用。

3 将青、红辣椒洗净，去蒂、去子、去丝；细青蒜白切段备用。

4 铁锅烧热注油，下腌制好的肉丝滑炒至变色盛出。

5 就着锅内底油，将汆烫后的千张丝下锅翻炒，锅中调入生抽、老抽、盐翻炒均匀，添加高汤焖煮2～3分钟入味。

6 将肉丝回锅与千张丝一同翻炒，淋入豉油翻炒均匀。

7 将青、红辣椒丝下入锅中翻炒，将蒜白段撒入锅中。

8 锅中所有材料用大火快速兜炒几下，即可盛出。

天籁微语

1. 千张即豆腐干片，属豆制食品。我国北方地区称为“豆腐皮”、“干豆腐”，苏北地区及广东又有“百叶”的叫法。购买千张的时候要注意挑选。品质好的千张，色白偏淡黄，带着一股清香味，用手捏一捏，质地细腻干爽不黏，好千张入锅后久煮不烂。

2. 千张做法多样，可凉拌可清炒，可煮食可焖炖。千张烹饪之前，用加点盐的热水快速汆烫一下，可以有效地去除豆腥味，并且能使成菜口感柔软不发硬。

电饭煲蒸肉饼

便当构成：电饭煲蒸肉饼＋果蔬沙拉＋甜豌豆蒸米饭

家庭自制完美蒸肉饼的成功秘籍——电饭煲蒸肉饼

有没有一些便当菜，又好吃又营养，还快手方便到一键式操作完成？

这道简易版的电饭锅蒸肉饼可以满足以上挑剔的需求，有肉有蛋，汤汤水水，细腻爽滑鲜香扑鼻。清晨，可能是"煮妇"一天之中最忙碌的时候，我通常会比家人早起30分钟，完成两件事——全家人的早餐和家里先生的营养午餐便当。这其间还要见缝插针地打点自己的梳洗妆容等等，所以时间相当紧张。

早餐要多样化，午餐便当更要营养丰富，时间冲突时两者之间我常常这样调剂：早餐速成的话（如包子、馒头加热），我就做些稍"隆重"点的便当菜；如果早餐是耗时过多的（如摊鸡蛋饼、烙什锦卷饼等），午餐的便当就选择能让我腾得出手的便捷菜，如蒸肉饼。

像这道电饭煲蒸肉饼，将米在前一晚临睡前淘洗干净后浸泡锅中，早起第一件事就是将电饭煲插上电，海米在前一天晚上可以剁好，肉也可以在前一晚调味腌制，都放入冰箱冷藏着，将它们取出拌匀，磕个鸡蛋进去再撒上其他的配材只需一两分钟时间，放入饭煲蒸格就完事搞定，饭熟时肉饼自然也蒸好了，午餐的主食、主菜都一键完成。腾挪出来的清晨时光可以让主妇游刃有余地准备一顿粤式早茶般丰盛的花样早餐……

原料：肉末150克，鸡蛋1个，海米15克，姬菇2朵

调料：大葱1节，小葱1根，花椒水适量，香油适量，豉油1茶匙；肉末腌制调料：生抽1/2汤匙，老抽少许，白糖1/4茶匙，盐少许，淀粉1茶匙，胡椒粉少许

制作过程：

1 将海米用清水浸泡至软，淘洗干净，斩剁成蓉。

2 将大葱洗净切末，小葱洗净切末，姬菇洗净后手撕成小片备用。

3 肉末纳碗，添加腌制调料拌匀。

4 将海米蓉倒入肉末中，混合拌匀。

5 将大葱末倒入肉末中，淋上香油，再与肉末混合拌匀。

6 少量多次地往肉馅里添加花椒水，顺同一方向搅拌肉馅使肉馅水润膨胀，将肉馅盛放入耐高温的容器中。

7 将肉馅摊平，中间稍微按压出一个凹坑，将1个鸡蛋打入其中。

8 将撕片姬菇随意摆放在鸡蛋四周。沿碗边淋上2～3汤匙水(高汤更好)。

9 将蒸碗放入电饭锅中，随米饭一同蒸制。

10 饭熟时蒸肉饼也好了，将它取出撒上葱末，淋上几滴香油、1茶匙豉油即可。

天籁微语

1. 蒸肉饼的生熟度可用牙签穿刺把握，也可以观察肉饼是否开始悬浮。

2. 完美蒸肉饼的制胜秘籍：①好吃的蒸肉饼，猪肉最好手剁(当然，实在没时间的话就用绞肉代替吧)；②口感完美的蒸肉饼最好选用肥瘦相间的肉，比例控制在四肥六瘦，蒸出来的肉饼甚至可以吃得出入口即化的感觉；③摔一摔打一打，多给水，花点气力的肉饼蒸出来更Q嫩更鲜美。

三鲜酱豆腐

便当构成：三鲜酱豆腐＋豉椒小炒肉＋炸蛋＋甜豆蒸米饭＋杞枣茶

美味在舌尖绽放的幸福滋味——三鲜酱豆腐

“多吃豆制品，要多吃豆制品”，每个做妈妈的都会这样叮嘱自己的孩子，可见豆制品美味又营养这一膳食观念已深入人心。

豆腐作为低成本的食材，通常也是百姓餐桌上上桌率贼高的一道家常菜。“珍惜万物”是现代料理的特色之一。所有来自大自然的食材不分贵贱，都能成为餐桌上的主角。即便是再平凡不过的豆腐，慎重地对待，用心地烹煮，也能让家人品尝到美味在舌尖绽放的幸福滋味。

这道营养便当菜，用到的“三鲜”食材为：肉鲜，海米鲜，菌菇鲜，再搭配风味浓郁的黄豆酱烧制，浓香扑鼻。强烈推荐用豆腐汤汁拌饭，鲜到让人吞舌头……

原料:嫩豆腐2块350克,肉末55克,海米15克,姬菇80克

调料:姜末3克,葱末5克,黄豆酱1汤匙,鲜酱油1汤匙,糖1/4茶匙,水淀粉2汤匙,胡椒粉少许;肉末腌制调料:生抽1茶匙,老抽少许,白糖少许,淀粉1茶匙,香油1/4茶匙,胡椒粉少许

制作过程:

1 肉末调入腌制调料拌匀,腌制10分钟左右;将姬菇洗净撕小片备用。

2 将嫩豆腐切块;海米淘洗干净后稍加浸泡至软,粗粗斩剁几下备用。

3 炒锅烧热注油,油温三四成热时将姜末、海米下锅煸香。

4 将腌制肉末下入锅中炒散,炒至出油出香。

5 锅中注入小半碗水(用高汤更好)煮开,调入1汤匙黄豆酱、1汤匙鲜酱油、1/4茶匙糖、胡椒粉搅匀。

6 将豆腐块下入锅中与酱汁混合,用中小火熬煮3～5分钟后转大火收汁。

7 将姬菇片下入锅中炒匀,淋水淀粉勾芡汁。

8 将锅中所有材料兜匀,起锅前撒上小葱末即成。

天籁微语

豆腐素有“植物肉”之美称。它含有人体所需要的多种营养成分,以及动物性食物缺乏的不饱和脂肪酸、卵磷脂等。豆腐蛋白质中含有人体自己所不能合成的8种必需氨基酸,其人体消化率可达92%～96%,是一种既富于营养又易于消化的食品。

豆腐不含胆固醇,为高血压、高血脂、高胆固醇症及动脉硬化、冠心病患者的药膳佳肴。常吃豆腐可以保护肝脏,促进机体代谢,增加免疫力并且有解毒作用。两小块豆腐,即可满足一个人一天的钙的需要量。

油爆虾

便当构成：油爆虾＋水煮蛋＋糖醋萝卜片＋黑芝麻蒸米饭

外酥里嫩的小秘密
——油爆虾

菜市场的鱼虾档每天都有基围虾卖，吃基围虾倒是很方便，但要哪天想换换口味吃吃河虾，就得“碰”了，还得赶早。

河虾不经养，所以价格也坚挺，小贩们卖河虾，向来是称重卖，现在的时价大约是 35 元/斤，是不可以挑挑拣拣的，所以赶早去买回的河虾，十成之中八九成还是鲜活的，“煮妇”烹制起来也觉得底气十足；要过了上午九十点钟再去采购，涮洗时翻拣出来堆弃在水槽边上的死虾，多得你看着就肉疼……

吃河虾，最中意的烹法是油爆虾，外酥香，内鲜嫩，金黄透红的卖相，着实让人食欲大开。要想做出外酥内嫩的油爆虾，有两点小心得分享：①外焦香内鲜嫩的油爆河虾，炸虾环节很关键，油温要高，炸虾的时间要短，控制在 15 秒左右最适宜。②这是一道抢火候的菜，不妨先把味汁调好、拌匀，河虾回锅时迅速将备好的味汁浇淋入锅翻炒均匀，既缩短了食材在锅中烹饪的时间，保证了脆嫩度，又可在短时间内使食材着色、挂汁均匀，成菜口感更佳。

原料：鲜活河虾 1 盘（150 克）

调料：生姜 1 块，香葱 3 根，料酒 1 汤匙，鲜酱油 1 汤匙，绵白糖 1/4 茶匙，米醋 1/2 茶匙，精盐少许

制作过程：

1 将小葱洗净，1/2 挽成葱结，其余切葱末；1/2 生姜切片，1/2 生姜切末备用。

2 调制味汁：小半碗水中调入料酒 1 汤匙、鲜酱油 1 汤匙、绵白糖 1/4 茶匙、米醋 1/2 茶匙、一点点盐搅匀。

3 鲜活河虾清洗干净（如要吃起来更方便，将须脚剪掉），控水备用。

4 起油锅，大火将油烧至滚热，将葱结、姜片入锅炸香。

5 将河虾倒入锅中油炸，用筷子搅匀使其均匀受热，15 秒钟快速捞出，控油备用。

6 锅内留少许底油，将姜末及大部分葱末下锅用小火煸香。

7 将油炸河虾回锅，浇淋上调制好的味汁翻炒。

8 待汤汁收干，撒上剩余的葱末，起锅盛出。

天籁微语

河虾肉质细嫩、鲜美，营养丰富，属高蛋白低脂肪的优质水产类食材。河虾中含有丰富的镁、磷、钙，对心脏活动有重要调节作用，并可减少血液中的胆固醇含量。河虾体内含有虾青素，虾青素是强抗氧化剂，记住，“氧化”的意思就是“衰老”。

怎么挑选最鲜活的河虾？挑河虾分四步走：①看外形：新鲜的虾，头尾与身体紧密相连，虾身有一定的弯曲度；而身软、掉拖的虾不新鲜，尽量不吃；②看色泽：新鲜的虾，皮壳发亮，呈青绿色；不新鲜的虾，皮壳发暗，略呈红色或灰紫色；③看肉质：新鲜的虾，肉质摸上去坚实细嫩，有弹性。④闻气味：新鲜虾，气味正常，无异味，无腐烂味。

腊味炒泥蒿

便当构成：腊味炒泥蒿＋生菜＋茶叶蛋＋腊味蒸米饭＋橘子

用舌尖品尝春天的滋味
——腊味炒泥蒿

用舌尖去品尝一番春天的滋味。

一方水土养一方人，一方水土出一方美食。泥蒿炒腊肉，这道春季特色时令菜也是一盘叫人思乡的菜。不管身在何处，春天见到它便如同展开了一幅画卷——家乡春景图。

泥蒿泥蒿，泥中之蒿也。常见的蒿类，一般多生长在长江岸边砂砾石堆或湖塘周边，形似蒜薹，细如芽菜，是生命力极强的野菜。每年冬末春初时节，便是最当吃的时候。

没有机会到野外采摘，就起个早赶生鲜早市购买吧。鲜泥蒿嫩绿、清香，将味涩的泥蒿叶摘除，只留下嫩杆和中心的嫩芽，将它掐成小段来炒食；腊味咸鲜油润，先蒸一蒸再切片。腊味和泥蒿同炒，是美妙绝伦的经典搭配。腊肠的荤油混合了绿油油的泥蒿，肉少了肥腻顿增清新，素菜去除了青涩多了肉香，呈现浓郁风味，清新素雅的春色仿佛转眼之间就融汇入了炒锅之中……

把这道他心恋不已的家乡小菜炒好，细心地盛入便当盒中。身在水泥森林的都市，或许也能在开启便当盒的时候，通过味蕾，感受到一番家乡的早春滋味。

原料：泥蒿1把(约430克)，腊肠4条(约80克)

调料：蒜瓣2粒，青、红尖椒2个，大葱1小节，生姜1片，白糖少许，精盐适量，头抽1茶匙，香醋少许

制作过程：

1 将腊肠放入小碟，搁置于电饭煲蒸格层，跟米饭一起蒸熟。

2 处理泥蒿：泥蒿叶味涩苦要将泥蒿叶摘除，将杆茎根部的老硬部分掐掉。

3 将处理后的脆嫩泥蒿清水浸泡、洗净备用。

4 生姜、大葱切末，蒜瓣去皮切末，青红尖椒洗净去蒂去子切椒圈。

5 将洗净的泥蒿，控水后切成4厘米左右长短的泥蒿段。

6 饭熟香肠也蒸好了，从电饭煲中取出，将香肠切片备用。

7 炒锅烧热注油，油温起来后将姜末、蒜末、葱末及椒圈下入锅中煸香。

8 将泥蒿段倒入锅中用大火翻炒，调入白糖、精盐、头抽1茶匙炒匀。

9 将切好的腊肠片下入锅中。

10 所有材料快速翻炒均匀，滴少许香醋即可熄火盛出。

天籁微语

1. 泥蒿，别名：芦蒿、水艾、水蒿、藜蒿、蒌蒿、蒿苔等，为菊科，蒿属，多年生草本植物。

2. 泥蒿以嫩茎供食用，可以凉拌、炒食，清香鲜美，脆嫩可口，是风味独特的优良蔬菜、保健蔬菜。泥蒿的营养价值可与土豆媲美，具有利膈开胃、行水解毒等功效。

3. 腊味、腊肉、腊肠等，是炒食泥蒿的绝佳配材。如果选择使用腊肉炒食，建议挑选有肥有瘦的腊肉块，并且先将腊肉泡水去除部分咸味后再蒸制，然后将腊肉煸到出油出香、肉色透明，再与泥蒿一同烩炒，滋味绝佳。

香干炒胡萝卜

便当构成：香干炒胡萝卜＋红薯芝麻蒸米饭＋八宝茶＋苹果

快速出品便当菜的私房小秘密——香干炒胡萝卜

香干子炒胡萝卜，快手营养便当菜。

有肉有菜蔬还有豆制品，连洗切带烩炒十来分钟可以完成，即便酷热难耐的夏天，操作起来也让"煮妇"不容易上"火"。这道荤素菜式，能够速战速决地完成，取决于"煮妇"的一样秘密"武器"，想知道居家"煮妇"快速出品便当菜的私房小秘密吗？那就是菜品中用到的"水煮五花肉"！做法极其简单哦：五花肉条买回来后，洗洗干净整条丢进清水锅里，放两片生姜进去开煮，煮到肉块用筷子插试无血水渗出，大约七八成熟度时捞起来，"水煮五花肉"即成。如果希望肉味更香浓些，可以加点香辛料（如八角、桂皮等）进去煮，更是豪华版"水煮五花肉"！

肉块煮好后摊凉，根据一餐的用量将其分切，每一份单独用保鲜袋密封好，再根据食用时间的远近，分别放入冰箱冷冻或冷藏保存，随取随用，可用来完成各种风味的料理便当。

原料：香干子 250 克，胡萝卜 1 根，水煮五花肉 1 块(150 克)，青、红辣椒 2 个

调料：生姜 1 片，小葱 3 根，料酒 1/2 汤匙，鲜酱油 3/2 汤匙，精盐适量，高汤 3 汤匙

制作过程：

1. 将水煮五花肉，连皮带肉切片，生姜切丝备用。
2. 煎锅烧热，不放油，将肉片平铺入锅中，撒上姜丝，慢火煎肉。
3. 青、红辣椒洗净，去蒂去子切块，香干子洗净，斜刀切 2～3 厘米方块。
4. 胡萝卜洗净刨皮，切菱形片，小葱洗净切段备用。
5. 用小火将五花肉片煎至出油焦香，肥肉部分呈透明状时盛出。
6. 就着锅内煎出来的油，将五香干子铺入锅中煎制。
7. 煎至表皮收缩起油泡泡，将其翻个面，把两面都煎香。
8. 把煎好的五香干子拨至锅边，将胡萝卜片及辣椒片放入锅中煸香。
9. 五花肉片回锅翻炒，锅中淋入料酒 1/2 汤匙，鲜酱油 3/2 汤匙炒匀，下精盐调味。
10. 淋入高汤 3 汤匙炒匀稍加焖煮入味，用大火兜炒至水分收干，撒上葱段起锅。

1

2

3

4

5

6

7

8

9

10

天籁微语

“水煮五花肉”的四大好处：

1. 肉里面的油脂在水煮过程中已经煮出了一部分，食用时减少了脂肪的摄入，少油更健康。

2. 肉块经过水煮已基本制熟，后期切片烩炒可以大大缩短烹饪时间，快速出菜。

3. 水煮后的肉，便于保存，需要时直接切片使用，不必为了炒肉单独放一次油。

4. 将水煮肉片先煎一煎，“逼”出油脂至外层焦香后再入菜烩炒，是我更喜欢的方式，既解馋又吃起来不油腻，口感更是独特。

小炒肚丝

便当构成：小炒肚丝＋芝麻蒸米饭＋银耳枣杞汤＋清甜地瓜块、红樱桃番茄＋杏仁

勤俭持家的“一肚两吃”——小炒肚丝

“一肚两吃”这道小炒肚丝，是“煮妇”推崇的一菜两吃、一菜多吃的又一家常范例。

这些年，虽然时常力不从心，虽然偶尔口是心非，虽然难免顾此失彼，常常捡了芝麻丢了西瓜，但值得欣慰的是，紧赶慢赶的，终归是在通往“勤俭持家”的道路上一路狂奔……

回想当年，新晋“煮妇”自信满满，老妈瞅着我发愁丢下一句话：好好学，把小家管好不容易！现在想想，知我者娘亲也。开门七件事，柴米油盐酱醋茶，小日子细水长流，要想精打细算地过好它、过滋润了，真的不容易。

功夫不负有心人，懒主妇也会有春天。诸多的一菜两(多)吃的做法，特别适用于小家庭厨房，同样的食材，可以最大限度地物尽其用，并可尽享多重美味。

“一肚两吃”具体做法：将整只猪肚的大部分安排煲汤食用，但在煲制肚片汤时我会留出一大块壁薄的肚片，随汤一同制熟。制熟的熟猪肚，做法又可多样，可以凉拌，如红油拌肚丝；可以小炒，如这道放入便当盒中的小炒肚丝。这样，举手之劳，一只猪肚就变出了两道不同风味的菜，一菜两吃，既是勤俭持家的方式，更是科学健康的饮食方式！

原料：熟猪肚 160 克(做法详见猪肚肉丸汤)，胡萝卜 1 根，泡发黑木耳 45 克

调料：青、红辣椒 5 个，生姜 1 小块，蒜瓣 2 粒，料酒 1 茶匙，头道酱油 1 汤匙，盐适量，水淀粉 1 汤匙，香油少许

制作过程：

1 将制熟的猪肚片切成条丝状。

2 将胡萝卜洗净刨皮，对半剖开后，斜切成小长片。

3 生姜切小片，蒜瓣去皮切片，青、红椒洗净去蒂斜切成片。

4 不能吃辣的，可将切片辣椒浸泡清水，去除辣椒子以减轻辣度。

5 炒锅烧热注油，油温起来后将姜片、蒜片及辣椒片下入锅中煸炒。

6 锅中材料煸香煸透后，将胡萝卜片入锅烩炒。

7 将泡发黑木耳搓洗干净，控水后也下入锅中翻炒均匀。

8 将切好的猪肚丝倒入锅中，与锅中材料翻炒均匀。

9 锅中调入料酒、头道酱油、盐烩炒均匀。

10 将锅中材料、调料用大火翻炒均匀，淋上水淀粉勾个薄芡，淋少许香油兜匀出锅。

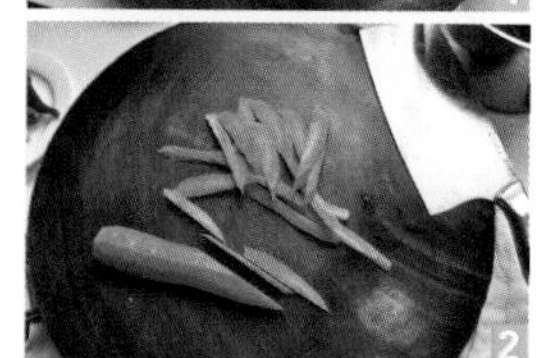

天籁微语

1. 猪肚含有蛋白质、脂肪、糖类、维生素及钙、磷、铁等营养成分，补虚损、健脾胃，作为食补佳肴，猪肚可以用于治疗胃寒、十二指肠溃疡等症，适合气血虚损、脾胃虚弱、食欲不振、泄泻下痢者食用。

2. 一菜两吃、一菜多吃的方法，特别适合2～3人的小家庭，譬如：一鱼两吃，鱼头炖豆腐，鱼块腌制红烧；一鸡多吃，一只整鸡两三斤重，三口之家，一顿饭要想把单一做法的整只鸡吃光光，有点难度，最后难免会有些浪费，所以，可将鸡分解，鸡胸脯肉炒食，鸡翅鸡腿腌制起来，下顿烤食，剩下的鸡架等部位可以煲汤或煮粥。分解之后一只鸡吃了两三顿。做法不一，口味不一，把一只鸡从肉到骨都利用上了，不浪费。一菜两吃的做法就更多了，如萝卜，萝卜皮凉拌或腌制酱菜，萝卜肉煨汤或烧肉等。

干锅莲藕

便当构成：干锅莲藕＋水煮蛋＋蒸米饭＋糖醋水萝卜＋苹果

对付“挑三拣四”的胃口——干锅莲藕

天气炎热，“挑三拣四”的胃口常常需要些重口味来刺激。干锅菜因而常常得以在夏季大行其道。家附近有一条久负盛名的美食排档街，华灯初上之时，若途经此地会勾得你口水涟涟。档口临街处一字摆开的简易木桌上，十桌有八九桌都点着固体酒精炉，架着热腾腾的干锅菜。干锅藕片、干锅土豆、干锅花椰菜、干锅腊味、干锅鱼虾……品种多种多样，食客们甩着膀子吃得汗流浃背，小锅里窜出的阵阵香辣滋味也引得行色匆匆的路人闷着头吞咽口水。

咸香鲜辣，浓香透味，好吃的干锅菜在家也可以操练起来。自制干锅，锅里放什么材料没有什么定式，喜欢藕就放藕，喜欢土豆就做干锅土豆，如果你说我什么都喜欢，那更好办，就什么都来点，整个全料的什锦大锅，食材多样的干锅菜的味道、营养更全面。

家里做的干锅菜，可以比餐馆酒楼的更健康。调料下得温和些，油脂控制得少一些，素菜更多一些，干净卫生吃起来也更放心一些。做干锅菜可得记住了，量一定要放大做，当做便当带到公司去，量少了一不留神可能就会被同事们抢光光，那你只有饿肚子的份喽。

原料：莲藕2节，土豆1个，猪梅花肉160克，芹菜1株

调料：青、红辣椒4个，大葱1/2根，小葱1小把，生姜1块，蒜瓣4粒，郫县豆瓣酱3/2汤匙，豆豉酱2汤匙，盐适量，料酒2汤匙，酱油3汤匙，糖1茶匙

制作过程：

1 将猪肉块洗净控水，切成肉片。

2 煎锅抹层薄油，将切好的肉片平铺入锅煎制，切几片生姜入锅同煎，将肉片两面煎香后盛出。

3 视锅中情况酌情加油，将土豆洗净，削皮切片后也放入锅中，两面煎香后盛出。

4 将莲藕洗净，刨皮后切片。

5 把藕片也放入锅中，煎至两面焦香。

6 青、红辣椒洗净，去蒂去子后切块，大葱洗净切段，生姜切片，蒜瓣去皮切片，小葱洗净切段。

7 炒锅烧热注油（油量多些），油温四五成热时将椒块、大葱段、蒜片姜片入锅用小火煸香。

8 将锅中材料拨至锅边，将郫县豆瓣酱、豆豉酱入锅煸炒至红油渗出。

9 将煎香肉片倒入锅中，翻炒均匀。

10 将煎过的土豆片、莲藕片倒入锅中，翻炒均匀。

11 将芹菜洗净，撕掉老筋，切成段也下入锅中。

12 锅中调入料酒、酱油、糖、盐翻炒均匀，将汁收干后撒上葱段出锅。

天籁微语

干锅菜，浓香透味，勾人食欲。餐馆、酒楼里制作干锅菜，特点是下料重，用油量大，食材原料基本是过油炸，炸至脱水酥香再用重料干锅烧制。家庭小厨房，起个油锅很浪费，而且也希望菜品少油更健康，所以，家庭版的干锅菜，原料改“炸”为“煎”，使用平底煎锅，少量下油，将原料分别铺入锅中用小火煎香，烹饪方式的调整，可以有效地控制油脂摄入量，当然相比外食干锅菜，风味上也会略有不同。

制作干锅菜，原料如藕片、土豆等不宜切得太薄，否则一煎一烧之后，就收缩干瘪得没有口感了；切得稍厚些，外层焦香内里入味饱满，吃起来更有满足感。

冷了累了饿了的时候，最幸福的事情莫过于有一碗暖暖的浓汤相伴。手心捧着慢火细炖而就的香气，渐次弥漫唇齿，顿觉一切的烦恼忧伤都被它化解了，仿佛每一个毛孔都会欢腾跳跃起来。一张桌子，半臂的距离，爱就在汤里！喝一口汤品一缕最留恋的温暖，在城市喧嚣的遮蔽下，那种软糯糯、湿漉漉、无伤大雅的轻愁感伤便在闭目间闪退而去……

PART 3

暖心又暖胃的

治愈系营养汤煲便当

萝卜冻豆腐煲汤骨

便当构成:萝卜冻豆腐煲汤骨+鹌鹑蛋红烧肉+豆腐酿+生菜裹米饭

冬日里的当家菜
——萝卜冻豆腐煲汤骨

妈妈常说:萝卜是冬日餐桌的当家菜。

每到冬季,家里就囤满了大萝卜。记得小时候家里有一口老沙锅,一到冬天里面窜出的就是阵阵萝卜味儿。萝卜入馔吃法千变万化,蒸着吃、煮着吃、煨汤吃、炒着吃、切丝拌着吃、捣碎了吃……那时候的妈妈们都相信"冬吃萝卜赛人参,保健养生在其中",因而会变着法子让孩子们多吃。这其中将萝卜加上根棒棒骨炖着吃,是家里老小都喜欢的暖呼呼吃法。

自己做"煮妇"之后,更加体味到入冬后的确是吃萝卜的好时节。水灵灵的各色萝卜在市场上堆得小山似的,价格还贼便宜,买一把小葱的钱就可以买上一根"肥嘟嘟"的大萝卜。物美价廉,经济实惠,再加上其丰富的营养成分,使得不起眼的萝卜,不管多少年过去,仍旧是许多家庭冬季餐桌上不可缺少的当家菜。

炖肉骨汤,材料用少了汤味不够鲜美,材料下多了一顿吃不完又怕浪费。别急,教你一个小方法:炖肉骨时一次做足 2~3 顿的量,汤中先不调味也不加配材,锅中留出当餐的食用量,继续下一步烹饪,其余的部分盛出,待摊凉后分份放入冰箱,根据使用时间的远近,冷藏或冷冻保存。下一顿食用时取出,添加时蔬煮开便又是一道营养汤菜上桌,够方便吧?

原料：猪汤骨1盒(约750克)，大萝卜1/2个，自制冻豆腐适量

调料：生姜2小块，小葱3根，盐适量，胡椒粉少许，料酒1汤匙

制作过程：

1 锅内坐水，将斩剁后的猪骨头洗净入锅，生姜1块切片入锅，小葱洗净挽葱结入锅用大火煮开，淋入料酒煮至血腥浮沫溢出，捞出冲净浮沫控干水。

2 将猪汤骨转入沙锅中，剩余生姜拍松下锅，注入足量清水用大火煮开，转中小火加盖煨炖。

3 将萝卜刷洗干净，萝卜皮钙含量丰富，别扔掉，表皮特别脏的地方削去便可，将萝卜切块。

4 冻豆腐提前从冰箱取出，常温下自然解冻后，挤干水分备用。

5 猪骨头煲制约1小时后，将生姜片及葱结捞出扔掉。

6 将肉骨及汤分份，锅中留出一餐的食用量，其余部分盛出，待摊凉后放入冰箱冰藏备用。

7 将萝卜块及冻豆腐倒入锅中，调转大火煮开锅。

8 转中火滚煮约15分钟，至萝卜绵软、豆腐入味，加入精盐、少许胡椒粉调味，即可盛出。

天籁微语

1. 萝卜有白萝卜、青萝卜、胡萝卜等品种。常见的白萝卜中富含大量的维生素和磷、铁等矿物质。医学研究表明，常吃萝卜有降脂、软化血管、稳定血压、预防冠心病等功效。

2. 全身都是宝的萝卜，搭配荤肉类一同烹饪是比较科学的做法，尤其是在隆冬时节。冬季严寒，通常人们吃肉会吃得比较多，吃肉多则易生痰，易上火，萝卜性凉，将萝卜与猪肉、排骨、鸡鸭肉、牛羊肉等炖着吃，有益于脾胃虚寒者，不仅可以调节内火，更会起到补气顺气的营养滋补作用。而且，萝卜中富含的维生素C可以促进人体吸收肉类食材中含有的铁等营养成分。

3. 秋冬季煲汤季，在家可以自制些冻豆腐，煲汤时放入，汤煲营养美味更加分。冻豆腐的做法也很简单，选择韧豆腐，切块后用淡盐水汆煮去除豆腥味石膏味，摊凉后放入冰箱冷冻即成。

萝卜丝奶白鲫鱼汤

便当构成：萝卜丝奶白鲫鱼汤＋玉米粒蒸米饭＋油爆雪菜碎

低成本打造调理减肥第一汤——萝卜丝奶白鲫鱼汤

都说减肥是女人的终身事业，不见得每个女人如此，但绝对适用于我！遥想当年疯狂的学生时代，宿舍的姐妹们拧巴在一起，为成就“骨感”美女而煎熬，天一擦黑，一个个眼里泛出绿荧荧的光，狼似的。好不容易有一年熬出了个瘦骨嶙峋，跑回家想给老娘一个惊喜，结果，娘一见着我抱头就痛哭：闺女啊，你这是从难民营里放出来的吗？

那时年少轻狂，如今，这样肆意妄为的减肥永远不会再有了。人近中年，所谓的减肥，绝不仅仅是追求“骨感”的瘦身，而是在于以健康为目的的调理。让自己的体重恒稳在一个适度的范围内，让自己拥有好的气色、充沛的精气神，是现在的我所追求的减肥终极目标。

这款鲫鱼萝卜汤，被我自己奉为调理减肥第一汤。鲫鱼，益气健脾、利尿消肿、清热解毒，并有降低胆固醇的作用，非常适合美体塑身者食用；白萝卜，冬吃萝卜夏吃姜，最家常的食材里含丰富的维生素 A、维生素 C、淀粉酶、氧化酶、锰等元素。将两种食材入汤，汤色稠浓奶白，清甜鲜美，这碗低热量的靓汤喝下去，营养、减肥两不误。

原料：鲫鱼 1 条，大白萝卜 1/2 个

调料：大葱 1 节，生姜 1 小块，小葱 3～4 根，精盐适量，胡椒粉少许，料酒适量

制作过程：

1 将斩杀好的鲫鱼清洗干净，鱼身内外抹少许盐、胡椒粉，轻拍料酒腌制备用。

2 煎锅烧热注油，油温起来后将鲫鱼排入锅中煎至双面微黄焦香。

3 大葱洗净切小段，生姜切片，小葱洗净切段再切末备用。

4 将萝卜洗净，用擦板擦出长条萝卜丝备用。擦板锋利易伤手，使用时要格外当心。

5 锅烧热注油，油温起来后将大葱段、生姜片下锅煸香。

6 锅内注入足量开水，大火煮开锅。

7 将煎制过的鲫鱼放入锅中，再次开锅后将泛起的浮沫撇清。

8 转中火熬煮，煮至汤色奶白(约 15 分钟)。

9 将萝卜丝入锅，继续加盖焖煮。

10 煮至萝卜丝绵软入味，汤色更浓白清香时，添加盐、少许胡椒粉调味，撒上小葱即成。

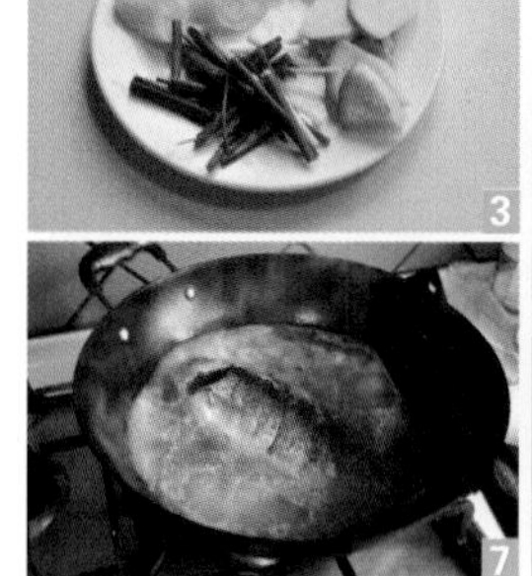

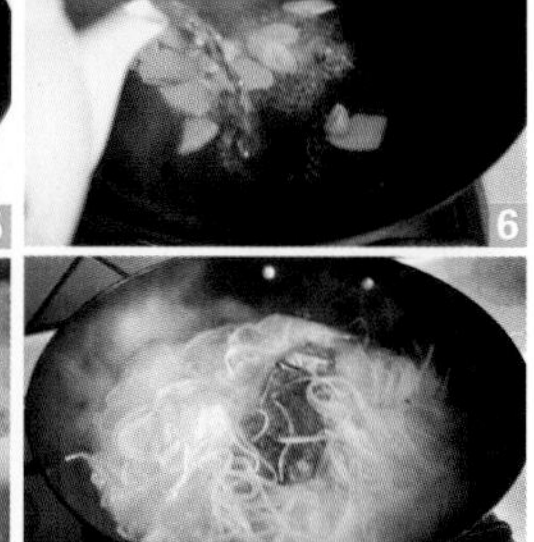

一招煮出稠浓奶白的鲜鱼汤！

如何才能煮出稠浓奶白的鲜鱼汤？有人说是“煎”？试一试就知道，制汤的鱼煎或者不煎都可以煮出奶汤，只是相较而言煎过再煮汤色更醇香；“冷水煮”还是该用“热水煮”？这个话题好像也是挺有争议的，其实试过就知道用冷水煮或用热水煮都一样可以煮出奶白汤色，只是相对而言，选用热水下锅成汤更便捷且汤色不易发灰。

煮出一锅奶白色鲜鱼汤的关键一招在于对“火候”的把握。“奶汤”与“清汤”的制法不同在于：“清汤”的火候，先大后小，汤汁煮沸后，立即改用小火，保持汤面微开，呈“菊花心”泡状；奶汤的火候则不同，先大后中，汤面始终保持沸腾沸腾的状态，直到汤汁呈奶白色。所以记住，要煮出奶白鲜鱼汤，灶火一定不能调小哦。

番茄炖牛腩

便当构成：番茄炖牛腩＋蒸芋头＋芝麻蒸米饭＋苹果

婚姻就像一道汤
——番茄炖牛腩

婚姻就像一道汤。如果，要用一道汤来形容婚姻，我会毫不犹豫地选择这道番茄炖牛腩。

成就一份醇厚浓香的番茄炖牛腩，时间和诚意很重要。每一种食材的搭配、每一道工序的火候，都要处理得恰到好处，否则，最后熬出来的汤，就会有无法挽回的遗憾，就像婚姻。

这几年里，我和丈夫身边的同学朋友中婚姻亮红灯的为数不少。看着纷纷扰扰的爱恨离合，看着一对对昔日的亲密爱人转眼间成了不可以做朋友，不可以做敌人的最熟悉的陌生人，不禁悲观地审视着婚姻：生活越过越好，为什么两个人的心却越走越远？

茫茫人海中，穿过了多少的人，经历了多少的考验，才有可能把手牵在一起，从此走入对方的生活。婚姻的失败决不单纯是哪一个人的错，婚姻中的两个人结成的是一个团队，没有高低之分，输赢也是一体的。

未来是个未知数，我不会去迷信永远的爱情和50年不变的婚姻，天长地久的完美境界，不是每个人都能幸运拥有的，但把这个当做一种希望，一个目标，并为之去努力，去付出，总是没错的吧？婚姻生活是一个有颜色、有生息、有动静的世界，把它的那缕光芒放在心上，细心地呵护着，让它在任何可见和不可知的角落，温暖地燃烧着……

浓汤起锅了，汤色艳丽，稠稀适宜，特有的醇香弥散小厨，要是每一段婚姻的圆满也像这道汤，那该多好啊！

原料：牛腩 1 条(约 900 克)，番茄 5 个，土豆 1 个，洋葱 1 个

调料：大葱 1 根，生姜 2 块，花椒粒 2 克，盐适量，白糖 2～3 汤匙，浓缩番茄汁 2 汤匙，料酒 1 汤匙

制作过程：

1 准备好牛腩，大葱、生姜、花椒粒等前期处理调料备好(这块牛腩制熟后将用来制作两道菜：番茄炖牛腩和咖喱什锦牛腩)。

2 将牛腩洗净，清水浸泡至无血水渗出(去除腥膻味)，其间需要多次换水。

3 将牛腩再次洗净后，有选择地将表层部分肥脂及黏膜部位剔除，切成 3~4 厘米见方的牛腩块备用。

4 锅内坐水，生姜 1 块切片入锅，花椒粒撒入锅中，将牛腩块放入煮开锅，淋入料酒 1 汤匙，煮至血腥浮沫溢出后捞出，用温热水冲净浮沫，控水备用。

5 炒锅烧热注油，大葱切段另一块生姜切片入锅煸香。

6 将牛腩块下锅快速翻炒，炒至肉面微微焦黄收缩。

7 倒入足量开水，再次煮开锅，撇清溢出的浮沫，连肉带汤水倒入高压锅中。

8 大火煮至上气后，转中火，继续“压”15 分钟左右熄火，待高压锅自然泄气后揭盖。

9 将制熟的牛腩一分为二，一半留待做咖喱什锦牛腩，另一半倒入沙锅中继续进行下一步。

10 将整只的洗净番茄放入锅中，土豆洗净去皮切块倒入锅中。

11 将洋葱洗净，切成条状也放入锅中，大火煮开锅后转中小火继续加盖炖煮。

12 炖煮到锅中配材熟软，将番茄皮轻轻撕掉，用勺将整只的番茄捻碎。可以看到番茄“爆”浆的一刻，整锅汤色瞬间艳丽起来了。

13 此时可以根据个人口味进行调味，锅内加入浓缩番茄汁、白糖、盐调味。

14 锅内所有材料、调料充分搅匀后继续炖煮至汤汁稠浓，即可起锅盛出。

天籁微语

1. 冷冷的冬天最适合喝上一碗暖暖的浓汤，番茄炖牛腩就是这样一款暖胃、暖心的好汤水。汤汁酸酸甜甜肉味香浓，有荤有素营养丰富，老少皆宜。

2. 煲炖这道浓汤，美味不打折扣，靠的就是舍得下料。做这道菜，中等个头以上的番茄，我一般用量不会少于5个，茄汁多汤味才不会寡淡。这道菜中用到土豆，取其稠浓汤色之功效；而洋葱的添加则是取其香。

猪肚肉丸汤

便当构成：猪肚肉丸汤＋芝麻蒸米饭＋糖醋腌萝卜片

汁醇味美，入口鲜香的秋冬滋补暖胃汤——猪肚肉丸汤

入秋后，又开始了一年的煲汤季。猪肚是很好的传统煲汤食材，作为食补佳肴，猪肚具有健胃养胃的独特功效。上班族通常工作压力大，生活节奏快，加班加点熬夜多，一日三餐不规律，再加上工作应酬多，很多人都有一定程度上的胃部毛病。

中式传统食疗讲究以“脏”养“脏”，猪肚即猪胃，含有蛋白质、脂肪、糖类、维生素及钙、磷、铁等营养成分，将它入汤慢火煲制饮用，有健脾胃，滋养胃肠的效果。

这款深受家人喜爱的猪肚肉丸汤，选用新鲜猪肚与鲜猪肉制成，汤菜合一，汤汁鲜甜润泽；猪片爽口弹牙，肉丸Q嫩香滑；汤汁中白菜的添加更是出彩，让这一款汤在鲜口之余更带一股淡淡的清香。

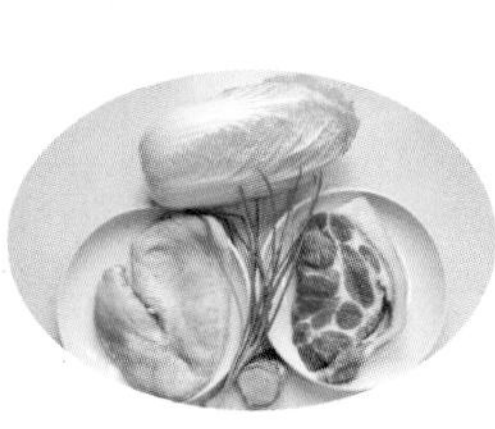

原料：猪肚1个（约450克），猪前夹肉1块（约415克），大白菜叶适量

调料：生姜1块，小葱3根，花椒15粒，盐适量，香油几滴，胡椒粉少许，料酒1汤匙；肉丸制作调料：白糖1/2茶匙，生抽1/2汤匙，老抽1茶匙，胡椒粉1/8茶匙，盐1/4茶匙，花椒水适量

制作过程：

1 将猪肚放入盆中，用植物油正反两面反复揉搓反复冲洗，直至去净黏液无腥膻异味。

2 锅内坐水，生姜切片取一半入锅，小葱2根挽葱结入锅，撒上花椒粒，将清洗干净的猪肚放入，水开二度后淋入料酒1汤匙，大火继续煮3～5分钟后将猪肚捞出过凉水。

3 将猪肚进行二次处理：顺破口处剖开全肚，乘热撕去脐部的膜，再翻过来用小刀刮净附着的白色油脂粒和肚子中间的泡泡状油脂（此油脂有臊臭味）。

4 处理好的猪肚再次用水冲洗干净，切成条块状备用，这一步可以考虑一肚两吃，留出一块壁薄的猪肚不改刀，待制熟后凉拌或炒食。

5 沙锅内一次性注入足量清水，放入剩余生姜片，将肚条放入锅中大火煮开，将汤滚后泛起的浮沫撇掉，转中小火加盖煲煮。

6 煲制猪肚的同时，开始肉丸子制作的第一步——剁肉。猪肉条剔去猪皮，将肥肉、瘦肉分别切丝、切丁，再用刀混合斩剁成细腻的肉末。

7 将剁好的肉末纳盆，调入白糖1/2茶匙，生抽1/2汤匙，老抽1茶匙，胡椒粉1/8茶匙和1/4茶匙的盐混合，少量多次地添加花椒水，将肉顺着同一方向搅打上劲。

8 剥取所需白菜，将其洗净，菜梗部分稍加修整备用。

9 待沙锅中的肚条煲炖至熟软汤色稠浓，将肚条先捞出备用。

10 洗净的白菜叶子放入沙锅中垫底，将制好的肉末分份，将每份肉末取出用双手交替抡圆制成肉丸后轻轻放在菜叶上，大火煮开锅。

11 开锅后，将锅面泛起的浮沫撇清，转最小火将肉丸焖煮10分钟左右至熟，揭盖后调入少许盐，胡椒粉，滴上几滴香油调味。

12 将猪肚回锅，与肉丸一起再次煮开，小葱切末撒入即可熄火起锅。

天籁微语

1. 猪肚入汤做法多样。想简单省事一点的撒上一把胡椒粒，煲制胡椒猪肚；稍复杂一点的，加只鸡进去，或加点豆类、菌菇、或药膳材料等可制成猪肚鸡、芸豆猪肚、真姬菇肚片、三七猪肚等，混搭或素煲，锅里的好味道都不会令人失望。

2. 肚片汤好喝，挑选猪肚很重要，以体大、胃壁坚实，手摸劲挺、黏液多、异味轻者为好。其次，猪肚烹饪前的处理也很关键。家庭处理新鲜猪肚的方法归结起来有如下几种：用碱法、用油法、碱油法、盐醋法等，每种处理方法各有千秋，对去除猪肚异味都切实可行，我个人比较倾向于用油法，具体做法见文中过程图文。

白果炖鸡

便当构成：白果炖鸡＋洋葱鸡蛋卷＋土豆生菜沙拉＋红薯莲子蒸米饭

学会用好汤水来关爱自己——白果炖鸡

妈妈曾经对我说过，女人，要学会用好汤水来关爱自己。成家之后对妈妈这句话特别有感悟，一个懂得爱自己的女人，才会懂得怎样去关爱身边的人。

白果炖鸡，汤清肉嫩，醇美鲜香。每到季节转换的时候，气温的骤变常常带来抵抗力的下降，一不小心就会被病菌侵袭，患上感冒。小感冒喝鸡汤！据说，在欧美一些国家，人们一旦患上感冒，不是先求医问药，而是马上宰只鸡，煨鸡汤来喝，往往取得迅速痊愈的效果。

医学和营养学家研究发现，鸡肉、鸡汤中含有人体所需要的多种氨基酸，可以有效地增强人体对感冒病毒的抵抗能力。因此，感冒初起之时，喝些鸡汤可以有效地消除呼吸道中的病毒，使呼吸道恢复正常状态，从而促进痊愈。

炖鸡的时候，不妨撒一把白果进去，清香味实之余，更有温肺益气、治疗咳嗽的好效果。白果是银杏的种仁，营养极其丰富，经常食用白果，滋阴养颜抗衰老。但要注意，白果有小毒，每次食用以10～15克为宜。

原料：散养土鸡 1 只，白果 50 粒，红枣 30 克，枸杞子 10 克

调料：生姜 1 块，大葱 1 节，小葱 1 小把，精盐适量

制作过程：

1 生姜洗净切厚片，大葱切段，小葱洗净备用。

2 将斩杀好的鸡清洗干净，特别是鸡内腔，要将鸡肺等部位摘除，把内腔冲洗干净。

3 将处理干净的鸡去头去尾臊后斩剁成块。

4 锅内坐水开煮，将 1/2 姜片、大葱段放入锅中，小葱挽成葱结入锅，将鸡块下锅氽煮至血腥浮沫溢出捞出。

5 用温热水将鸡块浮沫冲净，放入沙锅中加入剩余姜片，添加足量清水煮开锅后转小火煨炖。

6 白果用温热水浸泡后，去掉表皮和胚芽。

7 鸡块炖煮半小时后，将白果倒入沙锅中一同煨炖。

8 红枣、枸杞也随后入沙锅同煮，至鸡块软烂白果透味时熄火，加盐调味即可食用。

天籁微语

购买回来的鸡，要将爪心的茧皮及趾甲清除干净；鸡脖子里的气喉管抽出来扔掉；鸡头最好不要吃，民谚：十年鸡头胜砒霜，鸡越老，鸡头毒性就越大。尤其下面两个部位要清除干净：

1. 鸡臀尖。鸡、鸭、鹅等禽类屁股上端长尾羽的部位，学名“腔上囊”，俗称“鸡翘”、“鸡尖”、“鸡屁股”。它由许多个囊体和数以万计的淋巴组成，是贮藏病毒、致癌物质的“大仓库”。

2. 鸡肺。鸡肺不能食用。烹饪处理之前必须将鸡肺去掉。因为鸡肺有很强的吞噬功能，它可沉积活鸡吸入的微小灰尘颗粒，能容纳鸡体内的各种细菌，鸡宰杀之后，肺内仍会残留部分病菌，尤其是其中的嗜热菌，加热过程中也不能完全杀死或去除，一旦食用极易造成人体病变。

都说减肥是女人的终身事业，十有八九的女性都曾为成就『骨感』美女而历经煎熬。那时年少无知，如今，这样肆意妄为的减肥永远不会再有了。年岁渐长始明白，所谓的减肥终极目标，绝不仅仅是追求『骨感』的瘦身，而是在于以健康为目的的调理，让体重恒稳在一个适度的范围内，让自己拥有好的气色、充沛的精气神。减肥不是饿肚子，和天然美味的瘦身便当来个美丽约会吧，重拾久违了的轻盈、快乐和自信的感觉。

最受白领们追捧的瘦身便当

荷塘三宝

便当构成：荷塘三宝＋水煮鹌鹑蛋＋红薯蒸米饭＋核桃仁

好吃养眼更营养的秋日餐桌至爱——荷塘三宝

生活在鱼米之乡，是件很幸福的事情！

渠港交织，水网密布，各色的江鲜、湖鲜，一年四季，源源不断，充盈着百姓家的餐桌，滋养着一辈又一代的水乡儿女。

莲是这水乡泽国的一大特产，嫩藕、老藕、藕带、莲米……从年头轮换着吃到年尾；有莲藕的地方就会有菱角，菱角堪称荷塘又一宝。菱是一年生水生草本植物，又称“水中落花生”，果实即“菱角”，可生吃又可熟食，生吃或炒食宜选择嫩菱，质鲜爽脆无渣，清香四溢。

美食吃的就是时令，吃的就是“鲜”！将这个时节最嫩生的莲藕、菱角和莲米，三种健康白色食物烩成一道“荷塘三宝”，好吃好看好营养，还可瘦身哦。“荷塘三宝”的便当做法也极其简单，备好料后，从下锅到装入便当盒，5分钟不到就可搞定，够方便快手吧！

原料:嫩泥藕1节,鲜菱角10个,莲蓬3个

调料:青、红尖椒2个,生姜1小块,精盐1/2茶匙,水淀粉1汤匙,香油少许

制作过程:

1 将莲蓬用清水冲洗后撕开,取出青莲子,用手剥除绿皮取出白莲米,注意动作要轻,莲米脆嫩很容易剥伤破皮。

2 依次将其他"二宝"处理好:菱角刷洗干净,置于案板竖切一刀剖开,去除外壳取出菱肉,浸泡在水中备用(防氧化变黑)。

3 将泥藕刷洗干净,刨去外皮切成小厚片,浸入水中备用(防氧化变黑)。

4 生姜切末,将青、红尖椒洗净去蒂切成椒圈,怕辣的可将辣椒子去除减轻辣味。

5 炒锅烧热注油,四五成油温时下尖椒圈煸香,下姜末煸香。

6 将藕片控干水分后倒入锅中快速翻炒几下。

7 将菱肉控水后下锅与藕片一同翻炒,调入精盐炒匀,将剥好的嫩莲米倒入锅中。

8 将"三宝"快速兜炒几下,锅中淋入水淀粉勾个薄芡推匀,起锅前淋上少许香油即可。

天籁微语

1. "荷塘三宝"好营养:鲜莲米,口感清甜脆嫩,有养心安神、健脑益智之功效;莲藕,清热解烦,健脾益胃,补益气血,增强人体免疫力;多吃菱角可以补五脏,除百病,且可轻身(瘦身),其营养价值可与栗相媲美。

2. 藕、鲜菱角和鲜莲米均可生吃,所以烹饪此道菜品,锅中操作要快速,以保持脆嫩口感。

3. 藕和菱角肉切开后易氧化变色,入锅前需将其浸泡入清水中;烹饪此道菜品,还应避免使用铁锅,以防藕变黑。

茄汁双花

便当构成：茄汁双花＋芦笋培根卷＋芝麻红薯蒸米饭

拯救夏日食欲的清新便当菜——茄汁双花

素菜也能“饭遭殃”哦！

拒绝油腻，拯救夏日食欲的小清新菜式还真不少，譬如这道茄汁双花，酸甜可口，清新开胃，炒一盘端上桌，我家一向被“逼”着吃素的“嗜肉族”小朋友，能就着这盘纯素菜不用你招呼就干完一大碗白米饭。

一直以来，花椰菜在家里饭桌上的出镜率就居高不下，喜欢它们独有的淡淡的清香味道，更喜欢它丰富的营养成分。

这道滋味甜美、浓郁的清新素菜，好吃易做又快手，尤其适合初入厨房的新手“煮妇”们。

原料：西蓝花 180 克，花椰菜(白色)220 克，番茄 2 个

调料：盐适量，白糖 1 茶匙，番茄酱 1 汤匙

制作过程：

1 将“双花”(西蓝花和花椰菜)洗净，削去根茎，掰切成小朵状，放入淡盐水中稍加浸泡，洗净控水备用。

2 烧一锅热水，番茄洗净用小刀在其顶部轻画十字刀，将番茄放入热水中稍烫。

3 将番茄捞出，烫过的番茄可以很轻松地将外皮剥除，再将其切块备用。

4 将锅中热水煮开，水里撒点盐，滴两滴食用油，“双花”入锅中汆烫 10 秒捞出，过凉水后控干备用。

5 炒锅烧热注油，油温起来后，将去皮番茄块倒入锅中煸炒。

6 将番茄块反复煸炒，使其汁液渗出，锅中加入番茄沙司 1 汤匙炒匀。

7 将“双花”倒入锅中翻炒。

8 添加白糖、精盐炒匀，大火将汁收浓即可起锅装盒。

天籁微语

花椰菜是世界性蔬菜，别名花菜、菜花。原产自地中海沿岸，19 世纪传入中国。花椰菜有白、绿两种，绿色的即为我们通常说的西蓝花、青花菜。白花椰菜和绿花椰菜的营养价值基本相同，只是绿花椰菜胡萝卜素含量要高些。

花椰菜属舶来菜蔬，古代西方人将花椰菜推崇为“天赐的良药”和“穷人的医生”。花椰菜的钙含量较高，且人体对其吸收率高。研究表明一杯花椰菜可以为人体提供的钙，与一杯牛奶相差无几。此外，花椰菜含有一般蔬菜所没有的丰富的维生素 K，能维护血管的韧性，使其不易破裂。

经典拌沙拉

便当构成：经典拌沙拉＋手撕烤鸡肉＋豆丁米饭＋橘子、樱桃番茄

跌落在便当盒里的五月阳光
——经典拌沙拉

五月，是一年之中我最喜爱的月份。告别了乍暖乍寒忽晴忽雨的初春时节，距离白花花太阳晃得人眼都睁不开的酷夏又还有着那么一段距离，天气不冷不热，拂面而过的煦风清爽怡人。

五月的餐桌，也是我最为喜爱的。各色各样的拌菜开始陆续登场。夏天有多少种颜色，夏日的餐桌就能装扮出多少种缤纷的色彩，就像这份最偷懒的拌沙拉，便当盒里有多少种颜色？胡萝卜的橙、黄瓜的绿、玉米的黄、樱桃番茄的红，调色盘一样的色彩仿佛把人带到了大自然的最深处，跌落在便当盒的五月阳光，仿佛让你闻到了白色花朵和香草的气息。

原料：胡萝卜 1 根，黄瓜 1 根，鲜玉米粒 1 小盘(约 100 克)

调料：沙拉酱适量，橄榄油 1 茶匙，精盐适量

制作过程：

1 将胡萝卜洗净刨皮切丁。

2 将黄瓜浸泡洗净，外皮撒上点精盐搓洗干净，再用清水冲洗后去瓤切丁。

3 锅内坐水煮开，放入 1/4 茶匙精盐搅匀加入几滴食用油，胡萝卜丁入锅汆烫至断生捞出。

4 玉米粒洗净，下入滚水锅中汆烫 10 秒左右捞出。

5 将胡萝卜丁、玉米粒控干水分后放入大碗中，摊凉。

6 将黄瓜丁倒入大碗中。

7 大碗中淋入橄榄油，添加精盐调味。

8 食用前，挤上沙拉酱拌匀即可。

天籁微语

制作拌菜、沙拉，经常需要将一些食材汆烫断生后使用。要想保持汆烫过的食材色泽鲜亮，口感爽脆，可在沸水锅中滴入几滴食用油，撒点食盐，更建议汆烫后用冰水快速冷却，口感更加分，如制作冰镇苦瓜、冰镇芥蓝等。

面包丁沙拉

便当构成：面包丁沙拉＋寿司卷＋杏仁片＋酸奶

“火星人”的瘦身便当餐——面包丁沙拉

早些年，横空出世一本畅销全球的图书——《男人来自火星，女人来自金星》，当时跟风买了一本，阅后抚额暗笑不已，但又略有遗憾——作者怎么没有写“吃”呢？要知道“火星人”、“金星人”在“吃”这件事情上的大不同，足够专辟章节探究剖析一番的。

我家的“火星人”，在“吃”这件事情上，堪称极度无“趣”，不求“异”、不创“新”，不崇“洋”、不媚“外”，有着一个顽固的、传统的、中式的肠胃！比如说，因为他儿时餐桌上时常有着一份糖水冲鸡蛋，在我们婚后的岁月里，他据理力争，执著地坚持着要把“冲鸡蛋”作为家里早餐桌上的保留项目；比如说，想让他喝豆浆就一定要给他配油条，要他喝粥他必定要求佐以咸菜加窝窝头；吃肉就要吃炖肉，冻豆腐炖肉，炖到骨肉颤颤相连，豆腐与肉你中有我、我中是你！早餐之外，能让他有畅快淋漓的“饭毕”之感的唯有米饭加中式蒸炖炒菜加中式汤煲。

因着他这个传统中式保守的胃，美食探索之旅，我惴惴不安、画地为牢，多年以来踯躅不前。

幸好，上帝在为我关上一扇门的同时，为我打开了一扇窗。随着我家小朋友一颗颗洁白乳牙的萌发，作为饕餮之徒，我欣喜地看到我的同类日渐长成。在“吃”这件事情上，我和我的同类有着“四海通”的胃！我们有着“海纳百川”的博爱之心。我们的味蕾和味蕾之间永远不存在代沟。我们食不厌精，脍不厌细，为了珍馐，我们可以不辞辛苦，不远万里，我们可以历经漫长的等待……

面包丁沙拉，这是一份“火星人”的瘦身便当餐。我们的口号是：快乐地吃，美丽地瘦！

原料：白吐司 2 片，西冷牛排 1 盒（150 克，冷冻半成品）

调料：黄油 1 小块（25 克），蒜瓣 3 粒，蔬果食材适量（生菜叶、红彩椒、黄彩椒、黄樱桃番茄、红樱桃番茄、黄瓜片），橄榄油 1 茶匙，盐适量，现磨的黑椒碎适量，柠檬汁 1 茶匙

制作过程：

1 准备好制作面包丁的材料：白吐司、黄油，蒜瓣。

2 将黄油提前取出常温下融化，蒜瓣去皮切蒜蓉，将蒜蓉与黄油混合均匀。

3 用餐刀将黄油蒜蓉糊涂抹在面包片上，将面包片两面都涂抹均匀。

4 烤箱预热200℃，烤盘垫锡纸将吐司片放入，上下火烤制，一面金黄香酥后翻一面烤香。

5 将两面烤至酥脆金黄的吐司片取出，切成易入口大小的面包丁。

6 取一沙拉碗，将洗净生菜撕小片放入，将红彩椒、黄彩椒切椒圈放入。

7 将黄、红樱桃番茄洗净控水后，剖成两半，也一同放入碗中。

8 将洗净的黄瓜切圆片铺入沙拉碗中，淋上橄榄油，撒上盐、现磨的黑椒碎，并淋上柠檬汁拌匀。

9 将冷冻半成品西冷牛排提前取出，常温解冻后放入煎锅内两面翻煎至熟。

10 将煎熟的牛排撒上现磨黑椒碎后，分切成适口的丁块状。

11 将牛排丁放入沙拉碗中，与蔬果食材拌匀。

12 食用之前将烤至香脆的蒜蓉面包丁撒入，稍拌即食。

1. 对于新手“煮妇”，牛排的选购、腌制、处理是个小难题。可考虑选择购买半成品的牛排，例如本道沙拉中用到的西冷牛排，属盒装冷冻半成品，一盒150克，用量刚好一顿，且已经腌制入味，使用时只需提前将其取出常温解冻，或煎或烤都十分方便。

2. 沙拉中的各式蔬果都含有水分，为保持面包丁入口时的酥脆口感，可将面包丁单独装入一个便当盒，待到食用时再将其拌入沙拉中，以达到最佳的口感。

黑木耳番茄炒蛋

便当构成:黑木耳番茄炒蛋+土豆蒸米饭

红加黑，让营养更加分
——黑木耳番茄炒蛋

酸酸甜甜就是你，百吃不厌的升级版便当菜！

番茄炒蛋，十个“煮妇”九个爱。好吃，易做，卖相又好。番茄红，鸡蛋金黄，起锅前撒上几粒翠绿绿的小葱末，上桌色诱又味美，老少皆宜。

越家常的菜往往越不容易做好，甚至一些“老厨师”都会在这道小炒菜上失手，譬如我家的小姑奶奶，姑奶奶的菜做得很不错的，特别是逢年过节时操持的一桌又一桌的鱼山肉海菜，道道虎虎生威。我家小朋友喜吃番茄炒蛋，每回上姑奶奶家吃饭，都会特意为他炒上一盘。小朋友总偷偷跟我说：小姑奶奶的番茄炒蛋没妈妈的好吃。偶尔我下厨帮手，炒上一盘端出来，姑姑家的表弟表妹们一下筷就“嗯嗯”点头，断言道：今天的番茄炒蛋一定是姐姐做的。

一道小炒菜味道差别会如此之大？有一回我就专门猫在厨房里，留心看看小姑奶奶是怎么炒这盘菜的。为什么鸡蛋会炒得这么干？颜色又会发黑？结果观察发现火候、用油，包括怎么切番茄，个人手法不同造就了一盘貌似简单，口味却大不同的菜。

如何炒出诱人又美味的升级版番茄炒鸡蛋？且看详图分解——

原料：番茄 2 只，泡发黑木耳 50 克，鲜鸡蛋 4 个

调料：小葱 2 根，淀粉水 1～2 汤匙，料酒几滴，糖 1 茶匙，盐 1/2 茶匙，番茄酱 3/2 汤匙，豉油 1/2 汤匙

制作过程：

1 家庭厨房泡发干木耳，用淘米水最合适，将泡发好的黑木耳搓掉杂质，再次洗净。

2 锅中注入清水煮开，将洗净的黑木耳下入锅中快速氽烫 10 秒左右捞出。

3 番茄洗净，用小刀在顶部轻轻画一个十字刀口，小葱洗净切末。

4 将番茄放入刚才氽烫黑木耳的热水锅中稍烫捞出。

5 热水烫过的番茄皮，轻轻一撕就可剥除，去皮番茄切丁块状备用。

6 将鸡蛋磕入碗中，添加淀粉水 1～2 汤匙、料酒几滴搅打均匀。

7 炒锅烧热后将油倒入滑锅后倒出，再次注油烧热下蛋液，用筷子快速搅拌成蛋块炒至七成熟起锅。

8 就着锅内的余油，将番茄块下锅翻炒至蔫软出汁。

9 锅中依次调入糖 1 茶匙、盐 1/2 茶匙、番茄酱 3/2 汤匙，炒至茄汁稠浓。

10 将鸡蛋回锅与番茄块翻炒均匀，浇上豉油 1/2 汤匙调味。

11 将氽烫过的黑木耳倒入锅中翻炒均匀。

12 小葱洗净切末，起锅前撒上葱末兜炒两下，熄火盛出。

天籁微语

1. 炒鸡蛋易出现问题大致为外表焦硬，颜色太深发黑，质地不嫩发干。要想炒出色泽黄亮松软滑嫩的鸡蛋，三小点要注意：①蛋液搅打时，加入少量水淀粉和料酒，去腥提鲜的同时可使鸡蛋更松软；②炒锅烧热后放点油滑道锅，使油均匀地布满锅内壁后倒出，再次注油炒鸡蛋，可避免鸡蛋色泽发黑发暗；③往锅里下蛋液的时候，用绕圈的方式使其平铺再快速搅动，蛋液受热均匀起锅时间便可缩短，炒出来的鸡蛋自然油润不易质地焦硬、发干。

2. 黑木耳番茄炒鸡蛋是营养互补、升级版的番茄炒蛋。黑木耳含有丰富的蛋白质，有“素中之荤”的美誉，含铁量极高，与鸡蛋、番茄搭配，更利于人体对黑木耳中铁质的吸收，加上酸酸甜甜的汁水，浓郁香滑的鸡蛋，绝对能让不爱吃黑木耳的挑食人士也爱上这道营养便当菜。

火腿蒜泥蒸娃娃菜

便当构成：火腿蒜泥蒸娃娃菜＋栗子米饭＋青枣＋巴旦木

健康无负担的懒人便当菜
——火腿蒜泥蒸娃娃菜

在我的字典里，"蒸菜"等同于"懒人菜"。食材一洗一切再往蒸锅里一塞就完事儿，顶多再调个味汁往盘里一浇，让人远离烟熏火燎。所以可以想见，这道健康无负担的火腿蒜泥蒸娃娃菜，有多受懒主妇的青睐。清甜多汁的娃娃菜，搭配鲜香金黄的火腿丝，浇淋上蒜香浓郁的酱汁，怎么看怎么讨喜，更甭提那清爽怡人的口感，做便当料理、家常食用，甚至作为宴客菜推出，都倍有面子。

小食材大功效，除了美味爽口之外，食用娃娃菜还可以快速有效地补充身体需要的"钾"元素。白领工作压力大、节奏快，加班加点熬夜又常常导致一日三餐没有规律，身体、精神的双重紧张更易造成钾元素的流失，从而带来倦怠感加重。

娃娃菜是"超小白菜"，每百克娃娃菜中约含有287毫克的钾，丰富的"钾"元素的补充，可以让精神不济的你重拾干劲，信心倍增地投入到热爱的工作当中去。

原料：娃娃菜2株（约430克），火腿2片，大蒜头1/2个，红尖椒1个，小葱2根

调料：美极鲜1汤匙，盐适量，糖1/4茶匙，水淀粉1汤匙

制作过程：

1 将娃娃菜洗净沥水，菜根部稍加切除后整株分切。

2 将分切后的娃娃菜平铺蒸盘中，入锅隔水蒸制6～8分钟至熟。

3 蒸菜的同时，将尖椒洗净去蒂切椒圈，小葱洗净切末，蒜瓣去皮剁成泥。

4 将蒸好的娃娃菜取出，将盘中渗出的汁水滗入小碗中。

5 炒锅烧热，不放油，将火腿整条铺入锅中，煎至两面出油焦香。

6 将煎熟的火腿切成条丝状，铺在蒸制好的娃娃菜上面。

7 炒锅烧热注油，三四成油温时将椒圈下锅煸炒，将蒜泥下锅煸香。

8 将滗入小碗中的菜汁倒入锅中煮开，添加美极鲜、糖、盐调味，用水淀粉勾薄芡。

9 将锅中熬煮的味汁搅匀收浓，浇淋在火腿娃娃菜面上。

10 将小葱末撒上点缀盘面，菜品即成。

天籁微语

1. 娃娃菜最适合做成上汤菜肴，运用“蒸”的手法，既健康少油，又能充分锁住菜蔬的好营养，本菜品中搭配使用咸火腿及蒜泥，增香提鲜，使得口感清淡而不寡淡。

2. 特别提醒，制作这道便当菜时，蒸制娃娃菜时渗出的菜汁，千万别浪费了，将其滗出回锅熬煮蒜泥，再浇淋娃娃菜，成菜原汁原味，香、味更浓郁。

微波炉版蚝油南瓜

便当构成：微波炉版蚝油南瓜＋卤水鸽＋土豆生菜沙拉＋红薯莲子蒸米饭＋巴旦木

零厨艺也能轻松搞定的“三低”美味便当——微波炉版蚝油南瓜

前两天逛生鲜超市，恰逢南瓜促销，十几斤重的瓜打价下来也只五六元钱，比菜场还便宜，真是难得，赶紧抱一个回家吧。

家常餐桌上南瓜真是好宝贝！“低脂肪、低热量、低糖”，惠而不贵的三低好食材，吃法也多种多样：可以直接蒸着吃也可以蒸五花肉蒸排骨，可以熬粥煲汤，还可以煎南瓜饼、蒸南瓜发糕、烤南瓜面包等等，怎么做都能吃出好味道。

回家就把大南瓜给“开”了，煮了锅南瓜粥；把大半个瓜肉蒸揉入糯米粉，煎出了一大盘南瓜饼，摊凉后冻起来贮备大半周的早餐。专门留出了一块南瓜做第二天的午餐便当，只需早起几分钟，将它洗洗拌拌，微波炉一“叮”，就可以装入便当盒带走。“三低”美味便当就这么简单，零厨艺也能轻松搞定。

只选对的不选贵的！花钱不在多，抠门“煮妇”几元钱也要让小日子过得有滋又有味。

原料：南瓜 1 块（毛重 380 克）

调料：大蒜头 1/3 个，小葱 1 根，蚝油 1 汤匙，盐少许，食用油 1 汤匙，香油几滴

制作过程：

1 将南瓜切除外皮，将中心部位的瓜瓤软肉层用不锈钢勺挖除。

2 把南瓜切成 2 厘米左右方正的方块。

3 大蒜粒去皮洗净，切成蒜蓉，小葱洗净切末。

4 将蒜蓉放入大碗中，加入蚝油 1 汤匙、盐少许、食用油 1 汤匙、香油几滴。

5 将碗中的调料与蒜蓉充分拌匀。

6 将切好的南瓜块倒入大碗中。

7 把南瓜块拌匀，使每块南瓜都沾裹上蒜蓉酱汁。

8 将南瓜块放入可微波容器中。

9 将容器盖子盖上，把微波换气孔打开。

10 放入微波炉大火“叮”5 分钟，取出撒上葱末即成。

1. 购买整只的老南瓜，瓜瓤中的瓜子量可不少。掏出来的南瓜子可千万别把它给扔掉了，因为南瓜子营养极其丰富，将它择选出来洗洗干净，晾干之后入炒锅炒制或入烤箱烘烤，加点椒盐、五香粉等进去调味，可以自制出一盘健康美味的小零嘴。

2. 南瓜营养丰富。南瓜有降血脂功能，南瓜多糖具有类似磷脂的作用，能清除胆固醇，防止动脉硬化；南瓜有防治癌症功效，它含有一些生物碱、葫芦巴碱、南瓜子碱等生理活性物质，能消除和催化分解致癌物质亚硝胺，从而有效地防治癌症；此外南瓜还具有有解毒、保肝肾功效。

黑木耳炒黄花菜

便当构成：黑木耳炒黄花菜＋粉蒸排骨＋红薯芝麻蒸米饭＋甜橘子

上班族强力健脑营养便当
——黑木耳炒黄花菜

有一句俏皮的老话"等得黄花菜都凉了"，用来调侃他人的姗姗迟来。至于话中的"黄花菜"，它本身就是凉菜，凉拌菜，还是热腾腾出锅真的等凉的，不在我们的思考范围之内，我们所要得到的信息就是黄花菜作为一种受欢迎的家常食材，深入人心。

最近公司一个大项目跟下来，感觉心力交瘁。贪心地想要保持住窈窕了的身段，但又急需强力补脑，吃什么好呢?想到了黄花菜!翻出备战高考时学校食堂的经典健脑菜式——黑木耳炒黄花菜!

黄花菜含有丰富的卵磷脂等脑及神经系统需要的营养物质，有强力健脑和抗衰老作用，并具有"安五脏、利心志、明目"的功效；清淡可口的黑木耳，含有丰富的蛋白质、铁、磷、B族维生素等健脑需要的营养素，其中维生素 B_2 含量较蔬菜高得多。

两种佳材强强联合，瘦身健脑，食补的同时还可大享清脆爽口、嫩滑鲜香的美味，一菜两得，何乐而不为?

原料：黑木耳（干制品）20 克，黄花菜（干制品）80 克

调料：小葱 1 根，蒜瓣 1 粒，盐适量，鲜酱油 1 汤匙，高汤 2～3 汤匙

制作过程：

1 将黑木耳清水泡发（冬天用温水，夏季用凉水）备用。

2 黄花菜置于清水盆中，冷水泡发。

3 小葱洗净切末，蒜瓣去皮切蓉备用。

4 泡发黑木耳去杂洗净，手撕成片；泡发黄花菜掐去头尾老硬部分，淘洗干净挤水备用。

5 炒锅烧热注油，三四成油温时将蒜蓉下锅煸香。

6 将黑木耳下入锅中煸炒。

7 将挤过水的黄花菜抖散，入锅煸炒。

8 沿锅边淋入一圈高汤稍焖，下鲜酱油、盐调味，快速翻炒均匀，撒葱末起锅。

天籁微语

黄花菜又名金针菜。《本草图说》载黄花菜能“安五脏，补心志，明目”。

家庭烹饪中使用黄花菜，一般选用干制品黄花菜，将其冷水泡发后入菜。如若选用鲜黄花菜食用，处理时要特别当心。黄花菜鲜花中含有秋水仙碱素，若直接炒食会在体内被氧化，产生一种剧毒，使人食后出现恶心呕吐，腹痛腹泻，甚至血尿、血便等中毒症状。而干制品黄花菜在长时间干制过程中，秋水仙碱已被破坏，所以不用担心中毒。

糖醋水萝卜

便当构成：糖醋水萝卜＋水煮蛋＋咖喱牛腩＋米饭＋苹果

2 元钱的“特效”便当菜
——糖醋水萝卜

新近上市的水萝卜，算得上是菜市场里惠而不贵的食材明星。按照早晚市价及个头大小，单价从 1.5 元到 2.0 元不等，着实便宜。每回上菜场，都抵不住它那水嫩嫩的红色诱惑，总会拣上三四个，称称重也不过两元钱，拎回家洗洗再一腌，酸酸甜甜、清清爽爽够吃上两顿，精打细算的小日子，咱只选对的不选贵的。

水萝卜价虽平，食用疗效却不低。除了可消脂瘦身之外，萝卜清火祛燥功效也一流，记得小时候，但凡家里小孩子上火了，咽痛嗓子不舒服、身体不适等，家里的老人们就会用上萝卜，将它切丝切片用糖醋拌一拌，或者直接用勺子刮小半碗萝卜蓉放上小半匙白糖，就这么让小孩子吃上两三回就都好全了，特别灵。

这一道带便当的糖醋水萝卜，我选用的是“原浆米醋”，醋香醇厚酸度适宜，100%大米酿造且不含防腐剂，用好调料制作出的美食，更加赏心悦目。

原料：水萝卜 3 个，香菜 1 根

调料：原浆米醋 3 汤匙，白糖 3 汤匙，精盐适量

制作过程：

1 将水萝卜用清水浸泡搓洗，再置于流动水下冲洗干净，控干水备用。

2 将萝卜樱子及根须部分切除。

3 将萝卜切薄片，注意每一刀都不要切断，使萝卜底部相连，可在萝卜两侧各垫一支筷子辅助下刀。

4 将切片处理后的萝卜放入大碗中，撒上精盐涂抹均匀，腌制约 15 分钟至蔫软。

5 将渗出的咸汁水倒掉，用凉白开将萝卜附着的盐分清洗干净，再将萝卜挤水备用。

6 调制糖醋汁，原浆米醋与白糖按 1:1 的比例调配，本道菜品用到 3 汤匙米醋，3 汤匙白糖。

7 将搅拌均匀的糖醋汁浇淋在挤水萝卜上，使其充分浸透。

8 将萝卜腌制 40 分钟左右至入味(夏天可放入冰箱冷藏)，香菜洗净切段拌入食用。

天籁微语

1. 调制糖醋汁，米醋与糖可按 1:1 的比例调配，也可根据个人喜好的酸甜度增减比例；喜欢吃辣的，可以用干红椒段现榨点辣油浇上，则口感更丰富。

2. 糖与醋混合时，如感觉不太好溶解，可先以少许温开水将白糖化开，待摊凉后再与米醋混合。

3. 为使萝卜更入味，腌制之前需要将萝卜不断刀切成薄片状，刀功了得的切蓑衣花刀则卖相更诱人。蓑衣花刀的切法：45°斜刀切薄片(可垫筷子以防切断)，萝卜翻个面，再直刀切圆薄片，也同样不切断即成。

盐蒸鸡片

便当构成：盐蒸鸡片＋杏仁黑芝麻蒸米饭＋凉拌胡萝卜丝

大受欢迎的懒人便当菜
——盐蒸鸡片

溽热难耐的盛夏来袭，又到了为午餐便当"带什么"犯难的时候。

那就来份大受欢迎的懒人菜——盐蒸鸡片！蒸的烹鸡手法也特别适合夏日家庭厨房。让家人尽享美味之余还能让"煮妇"远离夏日灶台烟熏火燎的煎熬。

小油鸡肉质细腻，蒸着吃是最常用的做法，简简单单擦点盐腌腌，再用姜汁涂抹，鸡不大，蒸个十几二十分钟即成，真是零难度。

蒸好的鸡，嫩滑鲜香，把鸡肉手撕下来装入便当盒作为午餐，剩下的鸡骨架也别扔了，可以加把米熬煮一锅鸡架粥，一鸡两吃，一点儿都不浪费。

原料：小油鸡 1 只(500 克)

调料：生姜 1 块，小葱 1 小把，粗盐适量，料酒 1 汤匙

制作过程：

1 冰冻小油鸡自然解冻，清洗干净，特别是内腔鸡肺等部位要清除干净，用盐将鸡身内外涂擦一遍，鸡内腔及鸡身肉厚的鸡大腿部位要多涂擦一些。

2 将擦盐后的整鸡放入大碗中，覆膜封口放入冰箱，冷藏腌制 2 小时左右。

3 生姜洗净，一半切片另一半切成姜蓉；小葱整理后洗净，将腌制好的整鸡取出。

4 将鸡尖和鸡爪斩剁剔除。

5 姜蓉挤出姜汁，涂擦鸡身内外，特别是鸡内腔，要重点涂擦。

6 蒸钵底部铺上一层小葱，再铺上一层姜片，把鸡放入。

7 将蒸钵放入蒸锅中，隔水用中火蒸制 20 分钟左右。

8 将蒸好的鸡取出，放入大碗中。

9 将蒸钵里的蒸鸡汁过滤掉渣质后，调入 1 汤匙量的料酒搅匀。

10 将混合汤汁均匀浇淋在鸡身上。

11 待鸡摊凉后，将鸡拆分取肉。

12 拆分下来的鸡肉，配上葱姜汁热吃凉食均可；剩下来的鸡架鸡骨可用来煮汤或煮粥。

天籁微语

1. 做法很简单的美味蒸鸡，如果家中来客，将蒸熟的鸡斩件摆盘，配上葱姜蘸碟，端上桌就是一盘很像样子的宴客菜。

2. 家常蒸鸡的美味做法很多，除了本菜品中介绍的盐蒸鸡片，还可以试试营养更丰富的香菇蒸鸡：将整鸡斩块放入蒸碗中，加入泡发好的香菇，将泡发香菇的香菇水沉淀过滤后倒入蒸碗中，把鸡放入蒸锅隔水蒸熟即成，又是另一种鲜香好滋味，也一样方便快手。

五色豆丁菜

便当构成：五色豆丁菜＋红枣芝麻蒸米饭＋新鲜红枣＋杏仁

膳食纤维丰富的五色便当
——五色豆丁菜

小时候很馋嘴,那个时候好像总是很容易饿,一饿就会想家,想妈妈做的豆丁菜。

豆丁菜,顾名思义,这菜里有豆,有丁。菜丁、肉丁、菌菇丁,都切成小小的一块,用酱汁来烧,烧得酱香浓郁,透味十足。这菜摆在桌上,用筷子去夹是不过瘾的,得用勺吃,一勺豆丁菜配上一大口白米饭,吃起来不知道有多香美,饭锅里的米饭一会就得见了底。

妈妈这道好吃的豆丁菜,通常会用到四丁、五丁,甚至六丁、七丁,其实原料都是普普通通的材料,有些甚至是做其他菜剩下的一些边角料,巧手妈妈把它们利用起来,切细切丁,简单搭配过后酱烧入味。这一盘炒出来的豆丁菜中既有肉和海米的鲜香,又带着豌豆的粉糯、菇菌的爽脆以及胡萝卜的清甜,朴素的家常滋味菜里面有着这么错综复杂的层层口感,能不吸引孩子吗?

这道用勺吃才过瘾的下饭妈妈菜,也特别适合作为午餐便当。

原料:猪肉 55 克,海米 40 克,胡萝卜 1 个,甜豌豆 60 克,泡发黑木耳 20 克,青椒 1 个,红椒 1 个

调料:生姜 1 片,小葱 2 根,盐适量,酱油 1 茶匙,料酒少许,豉油 1 汤匙,水淀粉 1 汤匙,香油 1/4 茶匙

制作过程:

1. 将青、红椒去蒂、去子,切丁备用;黑木耳洗净撕小片,小葱洗净切末备用。
2. 胡萝卜洗净去皮,切条再切丁,海米洗净浸泡备用。
3. 甜豌豆洗净,入沸水锅中汆烫至断生捞出。
4. 黑木耳也放入沸水锅中,汆烫 10 秒钟左右捞出。
5. 猪肉洗净切丁纳碗,生姜切末加入碗中,调入酱油 1 茶匙、料酒少许拌匀,腌制 10 分钟。
6. 锅烧热注油,油温起来后将肉丁入锅煸炒。

7 肉丁煸炒至出油焦香，将海米倒入锅中一同烩炒，炒至香味溢出盛出。

8 就着锅内余油，将胡萝卜丁倒入锅中煸炒至断生。

9 将辣椒丁也倒入锅中烩炒，将水分收干炒至表皮收缩。

10 氽烫过的甜豌豆、黑木耳丁也下入锅中翻炒，调入精盐炒匀。

11 将前期煸炒过的肉丁、海米回锅，旺火翻炒锅中材料，淋入豉油1汤匙炒匀。

12 淋入水淀粉勾薄芡，起锅前淋入1/4茶匙香油撒上葱末，兜匀锅中材料后熄火盛出。

天籁微语

1. 豆丁菜，是一道可以很随意制作的菜品，搜罗搜罗厨房冰箱，有什么用什么，因为每一"丁"用量不大，所以厨房"边角料"尽可以充分利用起来，食材种类、颜色搭配上尽量丰富，以使便当营养更均衡、更全面。

2. 做这道妈妈拿手菜，有一点要注意的是：由于包含多种食材，而各种食材所需的烹饪时间长短不一，所以最好先分别处理，之后再烩炒酱烧，熟度保持一致口感也就更完美。

千页豆腐烩杂蔬

便当构成：千页豆腐烩杂蔬＋生菜芝麻米饭＋葡萄苹果丁＋核桃仁＋枣杞茶

素得有"理"的美味便当菜
——千页豆腐烩杂蔬

豆腐菜，丈夫从小吃到大。从谈恋爱时开始就在我面前夸耀，说他吃的豆腐比我吃的盐还要多！这……好吧，我点点头认输，谁让人家祖上就是做豆腐的呢。

丈夫没吹牛，他真的是吃着奶奶亲手做的豆腐长大的。成年后的丈夫每每回忆起奶奶开豆腐坊劳作的艰辛，都不禁心酸。他总记得那一个个昏黑的夜里，瘦小的奶奶，佝着背，弯腰推磨，把泡好的豆粒一勺一勺放在石磨的小孔里，石磨的上方悬挂着盛水的竹筒，一边滴水，一边缓缓地转动石磨研磨，豆子就顺着小水流，落到两个磨盘之间，碾压后，白色的豆浆和豆渣，就顺着石磨的凹槽流到下方的木桶里……

家族的故事永远平静、温厚、晦涩、坚忍。久远的年代里渐渐隐去的那些人，那些故事，在时间中承受着磨蚀。追忆往事宛如平静的水面上抛入一块卵石：无论那波纹如何扩散或消逝，都是从这里起始的。

原料：千页豆腐2块（360克），胡萝卜1根，青、红尖椒2根，芹菜150克，泡发黑木耳1小碗（50克）

调料：精盐适量，鲜酱油3/2汤匙，香油少许，高汤适量

制作过程：

1 将千页豆腐洗净，沥水后切成1厘米左右厚度的豆腐片备用。

2 将铁锅烧热，沿锅边浇淋一圈食用油，掂转锅头使油布满锅壁，将豆腐排入锅中。

3 豆腐一面煎香后翻个面，将两边煎至微微焦黄变色，盛出备用。

4 胡萝卜洗净去皮切片，芹菜洗净去叶切段，尖椒去蒂、去子切椒圈，黑木耳洗净撕小片。

5 锅烧热注油，油温起来后将尖椒圈下锅煸炒，将胡萝卜片下锅煸炒。

6 再将黑木耳、豆腐片下锅，与锅中材料翻炒均匀。

7 锅中调入鲜酱油炒匀，调入精盐炒匀，沿锅边浇淋一圈高汤，掂匀锅，稍焖2～3分钟。

8 起锅前将芹菜段倒入锅中，快速兜炒均匀，淋上少许香油起锅。

1

2

3

4

5

6

7

8

天籁微语

记住，无论在家吃还是外出吃饭，豆腐都是减肥的秘诀！千页豆腐，也称百叶豆腐或千叶豆腐，以大豆粉及淀粉为主要材料精制而成，是一种低脂、低糖而富含蛋白质的营养素食豆制品。它不仅保持了豆腐原本的细嫩，更具备超强的汤汁吸收能力，烩炒、煨炖、红烧食用俱佳。

熏煮火腿炒秋葵

便当构成:熏煮火腿炒秋葵+番茄炖牛腩+芋头蒸米饭+苹果

小身材大功效的全能保健菜
——熏煮火腿炒秋葵

小身材大功效!这句话用在秋葵身上再合适不过了。

秋葵又名羊角豆、咖啡黄葵、毛茄,是舶来蔬菜,原产于非洲,20世纪初由印度引入我国。近年来,秋葵以其不可比拟的营养保健优势风靡全球,在日本、中国及西方国家已成为热门畅销蔬菜,在非洲许多国家甚至被列为运动员食用之首选蔬菜。

秋葵的可食用部分主要是果荚,又分绿色和红色两种,脆嫩多汁,滑润不腻,且香味独特。市售的秋葵大多属黄秋葵,黄秋葵的各个部分都含有半纤维素、纤维素和木质素,是低热量的佳蔬,经常食用,美体、塑身功效显著。

熏煮火腿炒秋葵是一道操作特别方便的快手便当菜。熏火腿和秋葵,一荤一素,一浓烈一清雅,反差特别大的两样食材,居然很契合,碰撞出来独特的风味,让人食后唇齿留香。

原料：黄秋葵1盒（260克），熏煮火腿片50克，青、红辣椒3个

调料：蒜瓣2粒，生姜1小块，盐适量，鲜酱油1汤匙

制作过程：

1. 将黄秋葵置于清水盆中，浸泡洗净备用。
2. 锅内坐水煮开锅，将洗净的黄秋葵入锅氽烫2~3分钟捞出，过凉水后控干备用。
3. 青、红辣椒洗净，去蒂去子切小块，生姜切片，蒜瓣去皮切片备用。
4. 将熏煮火腿片改刀，切成2厘米左右宽度的小条块。
5. 将黄秋葵去蒂，斜切成段。
6. 炒锅烧热注油，油温起来后下辣椒块煸炒，下姜片、蒜片煸香。
7. 将熏煮火腿片下入锅中煸炒。
8. 炒至熏煮火腿片出油出香，表面焦黄。
9. 将秋葵段倒入锅中，与锅中材料一同翻炒。
10. 锅中调入盐、鲜酱油，快速炒匀后起锅盛出。

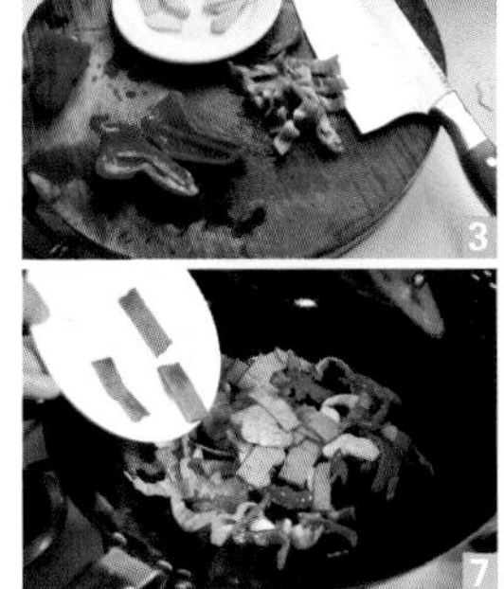

天籁微语

1. 秋葵食用方式多样，可凉拌、热炒、油炸、炖食，做沙拉、汤菜，煮火锅等等。但要注意，烹饪之前要将秋葵入沸水锅中氽烫2~3分钟，以去除携带的苦涩味。

2. 秋葵是营养丰富的高档营养保健蔬菜，全身都是宝，尤其是果荚里面的子和黏稠状的果胶更具有独特的营养功效，所以不流失营养的吃法就是尽可能地保持果荚完整，可以对半切开、切十字刀或切段，尽量避免切薄片或切丝等过于细碎的分切法。

时蔬烩丸子

便当构成:时蔬烩丸子+经典拌沙拉+香煎脆肠+豆丁米饭+红樱桃番茄

可随时变出来的便当菜
——时蔬烩丸子

"时蔬烩丸子"这道快手便当中用到的丸子是家庭小厨房自制的。

自制荤素丸子,营养美味又少油,大力推荐。家中常备,有备无患,做起便当来得心应手,无论红烧烩炒,或是用于煮汤下面,甚至吃小火锅时丢几个进去,都是绝佳的配材。

家庭制丸子,使用材料可以很随性,不用特意去准备。我通常是就着厨房里的"边角料"来操作,如包包子、饺子剩下的肉菜馅,再混入些其他手边材料,调好味制成。

菜品中用到的这款"芋泥火腿肉丸"就是这样,早餐的蒸芋头还剩几个,晚餐的火腿蒸娃娃菜做完火腿片也剩个两片,东拼西凑一下吧,于是便将蒸芋头微波打热捣成泥,调入盐和胡椒粉拌匀,火腿煎煎,出油焦香后切成碎丁拌入芋泥中,坐一锅水,用中小火开煮。一边煮水一边用手挤丸子,丸子挤完水也快煮开了,一会工夫,丸子便一个个漂浮起来了,捞出摊凉放入冰箱冰冻,变硬成型后密封冷冻保存。随取随用,够吃个两三顿的。

原料：自制芋泥火腿肉丸 250 克，胡萝卜 1 根，洋葱 1/2 个，泡发黑木耳 100 克

调料：小葱 1 根，精盐适量，鲜酱油 1 汤匙，番茄酱 1 汤匙

制作过程：

1 将自制芋泥火腿丸子提前自冰箱冻柜取出，常温解冻备用。

2 胡萝卜洗净刨皮，竖向对半剖开，斜切成片备用。

3 洋葱洗净，直刀切条片，再用手将洋葱片分离。

4 炒锅烧热注油，四五成油温时，将胡萝卜片下锅煸炒，将洋葱片下锅煸炒。

5 炒至蔫软出香，将洗净的泡发黑木耳下锅翻炒，调入精盐炒匀。

6 将解冻后的芋泥肉丸子倒入锅中翻炒。

7 锅中调入鲜酱油炒匀，加点水（或高汤）稍焖使丸子挂汁入味。

8 将番茄酱加入锅中，与锅中材料、汤汁翻炒均匀，即可盛出。

番茄酱的添加，让这道便当菜更添甜酸口感。

这道菜品还可以变化出更多的口味，如将番茄酱改换咖喱酱、沙茶酱、豆瓣酱或改换成辣豆豉酱等等，可依据个人喜好调配。

姜汁肉末蒸豇豆

便当构成：姜汁肉末蒸豇豆＋甜豌豆蒸米饭＋卤水鸽＋新鲜红枣

童年记忆中的菜园子
——姜汁肉末蒸豇豆

总记得小时候姑姑家的小菜园。那是在姑姑家前院开辟出的一块“自留地”，不大，却一年四季一派生机勃勃的景象。每到4月初，绿意盎然的季节，姑姑就会选择一个大晴天的下午，在菜园的一角搭起两排支架，细心地把一根根刚刚长出的豇豆茎蔓缠绕在支架底部，一直忙活到太阳落山。在接下来的日子里，那些蔓藤就会逐渐爬满支架，进而挂出一根根的豇豆来。我最喜欢的就是去那支架下摘豇豆了，我对那些新鲜的根本不感兴趣，独独钟爱那些被姑姑称作是“已经老了”的豇豆，老豇豆已经不能直接用来炒着吃，但里面的豆米可是我的最爱，我用手拿住豇豆的一头，用另一只手的拇指和食指掐住豇豆，从上到下一捋，一颗颗豆米就会从豇豆中蹦跶出来，攒满了一小盘，我就会端给姑姑，让她帮做我独享的豆米菜。

如今住在城市里，豆米菜已经吃不上了，但对豇豆味道的念想却从没断过。每到豇豆上市的时节，我都会选购最新鲜的豇豆，做一盘全家都喜欢的肉末蒸豇豆，每每夹起那青绿的豇豆，我都仿佛回到姑姑家，看到姑姑弓着腰忙碌的身影，看到那挂满支架的小菜园……

美食是一种回忆，很馋的是人事、氛围和悠悠岁月。

原料：豇豆 1 把(275 克)，肉末 100 克

调料：生姜 1 块，豉油 1 汤匙，蚝油 1 茶匙，香醋 1/4 茶匙，盐适量，糖少许，胡椒粉少许，香油少许；肉末腌制调料：生抽 1 茶匙，老抽少许，白糖 1/4 茶匙，淀粉 1 茶匙，香油 1/4 茶匙，胡椒粉少许

制作过程：

1 肉末加入腌制调料拌匀，腌制 10 分钟左右备用。

2 豇豆洗净，掐去头尾，沸水锅中滴两滴食用油，调入 1/4 茶匙盐搅匀，豇豆放入氽烫至变色捞出。

3 将氽烫过的豇豆用水冲凉后切段，长度 5～6 厘米为宜。

4 将豇豆段均匀摆放入耐热容器中。

5 锅烧热注油，油温起来后将肉末入锅。

6 将肉末炒散，出油焦香时盛出。

7 生姜切片切丝，再斩剁成蓉状。

8 姜蓉连同姜汁一起放入肉末中，调入豉油、蚝油、香醋、盐、糖、胡椒粉、香油拌匀。

9 将混合肉末及酱汁浇淋在切段豇豆上。

10 将容器放入锅中隔水蒸制，开锅后继续蒸制 6～8 分钟至熟即可。

天籁微语

豇豆，豆荚长而像细管状，质脆而身软，脆嫩鲜美，是夏天盛产的佳蔬，常见有白豇豆和青豇豆两种。挑选时以粗细均匀、色泽鲜艳、透明有光泽、子粒饱满的为佳。

豇豆烹调时要注意两点：①要将豇豆的豆筋摘除，否则既影响口感，又不易消化；②豇豆一定要制熟后方可食用，因为豇豆和其他豆类蔬菜一样，都含有皂角和植物凝集素，这两种物质对胃肠黏膜有较强的刺激作用，所以切记，忌吃不熟的豇豆。

愉快的心境是抵御压力的天然屏障！工作的琐碎和忙碌常常让人忽略了身边的他（她），殊不知简易的工作便当餐桌也是同事间沟通的最好平台。多花一点点时间，让便当变换点花样，就能为你和小伙伴们所共享的便当时光增添不少乐趣，让工作、生活更添浪漫温馨。

PART 5

high翻周围同事的花色便当

寿司便当

便当构成：寿司＋苹果＋酸奶＋瓜菜条＋免洗红枣

卷得漂亮更要切得漂亮——寿司便当

这一周应同事们的要求，已经做了两次寿司便当带到公司，每次都装满三大便当盒鼓鼓囊囊地塞进便当袋，结果都一样，饭点一到就被“扫荡”一空。

我其实还蛮喜欢做寿司的，干净、漂亮，做法又简单省事。可奢可俭、很自由的内馅材料搭配，再加上米饭、海苔便可完工，比做中式的包子、馒头方便多了。而且，做好的寿司，当日内食用基本不需要考虑再加热问题，可凉食的特性尤其适合作为午餐便当料理，清爽不油腻的口味也老少皆宜。

好寿司，卷得漂亮更要切得漂亮！有朋友向我抱怨DIY（自己动手做）寿司，卷还好说，但切的时候很麻烦，常常一切就黏刀，再一划拉，内馅就糊掉了。其实解决这个问题很容易：准备一碗凉白开，滴上几滴醋搅匀，用醋水将刀刃擦一擦，保证切出的寿司不黏不糊，造型美观漂亮。

原料：烤海苔4张，鸡蛋3个，火腿肠1根，胡萝卜1～2根，黄瓜1根，米饭适量

调料：盐10克，白糖35克，米醋50克

制作过程：

1 自制寿司醋。准备好原浆米醋50克，白糖35克，盐10克待用。

2 将三样调料混合，倒入小奶锅用小火烧煮至糖充分融化（不可烧开），将制好的寿司醋汁倒入小碗中，摊凉备用。

3 准备好制作寿司的材料：烤海苔，鸡蛋，火腿肠，黄瓜，胡萝卜。

4 将鸡蛋去壳打散，煎锅烧热抹一层薄油，将蛋液入锅摊成蛋皮盛出。

5 就着烤海苔的宽度，将黄瓜、胡萝卜、火腿肠切成同等或稍长的条状，蛋皮也切成同样的长条状。

6 米饭煮好后，用筷子将其挑松，盖上锅盖继续焖20分钟待用。

7 将焖煮好的米饭，趁热分次加入适量自制寿司醋，拌匀，制成寿司米饭。

8 将寿司帘展开，烤海苔光滑面朝下平铺在寿司帘上。

9 在海苔粗糙面均匀地铺上寿司米饭，将洗切好的各式内馅料依据个人口味组合铺在米饭上。

10 用寿司帘将烤海苔连同内馅材料一起开卷。

11 两手配合，卷制寿司，要注意包裹时松紧适度。

12 快卷到底时，在预留的空出的海苔边缘抹点水再卷，即成长筒寿司卷。

13 准备一碗凉白开，滴上几滴醋搅匀，用醋水将刀刃擦一擦。

14 将长筒寿司的两头作为丢头切除，其余部分依据个人喜好切成均匀厚度的寿司块。注意每切一次，都用醋水将刀刃擦一下，以保证切出的寿司不黏不糊，造型美观。

15 根据家人的口味，寿司内馅材料可以千变万化，如图，在寿司饭上铺上洗净的生菜叶。

16 将罐装的茄汁沙丁鱼取出，铺在生菜叶上，卷制出来的便是很有饱腹感的茄汁沙丁鱼寿司。

1. 制作寿司醋时，要将混合醋水烧煮一下，但要注意不可烧开以免酸度降低。想要省事的朋友，寿司醋也可以直接外购，一般大型超市的进口食品柜均有售。

2. 烤海苔分正反面，要注意区分，将光滑的一面朝下，用粗糙的一面铺寿司饭。

3. 铺陈寿司饭时，烤海苔的前、后端各预留1厘米的空白，卷寿司快卷到底时，在预留的空出的海苔边缘抹点水再卷，可使边缘贴合更紧密。

西葫芦圈圈饼

便当构成：西葫芦圈圈饼＋黑芝麻蒸米饭

让家庭圈和工作圈有了交集——西葫芦圈圈饼

【昨晚】

“老公,看看我买了啥?”

“西葫芦?”

“嗯,西葫芦。今天回家路上看到一个老奶奶在卖自家园子里的蔬菜,别的都被人挑没了,就守着俩西葫芦等收摊呢,索性都买了明早做便当菜,好让老人家早点回家。”

“西葫芦不好做喔,再一加热就糊糊塌塌的了吧。”

“我来想办法。”

【今晚】

“老婆,今天中午没有吃饱!”

“哦?菜不好吃?”

“不是,你给我装便当盒里的西葫芦圈圈饼,被那帮家伙弄走了大半……办公室闹成一团,明抢豪压啊简直是!他们还说西葫芦居然可以这样做都要回家试试,并强烈要求部门下次聚会定在我家,要尝尝嫂子的手艺。”

“好啊,安排时间让他们来。”

暗暗得意着呢!呵呵,心思没有白费!一道上心的便当成了妻子、丈夫以及丈夫的小伙伴们互动的纽带,西葫芦圈圈饼居然让家庭圈和工作圈顿时有了交集,这是我的爱妻便当菜谱里可以书写的又一新题材!

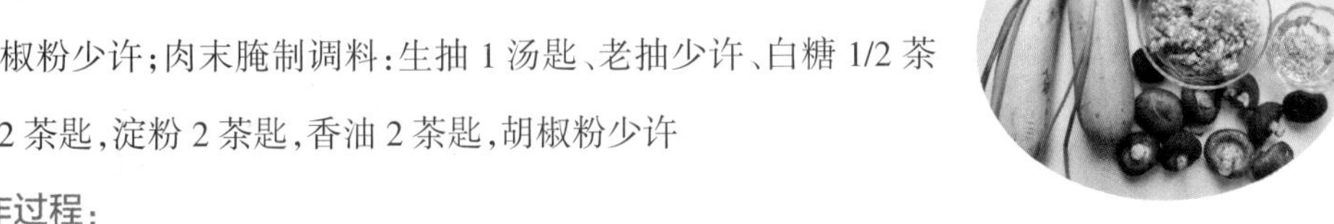

原料：西葫芦2个（约650克），肉末1碗（210克），鸡蛋2个，香菇80克

调料：虾皮1茶匙，小葱2根，香油1茶匙，淀粉适量，盐适量，料酒几滴，胡椒粉少许；肉末腌制调料：生抽1汤匙、老抽少许、白糖1/2茶匙、盐1/2茶匙，淀粉2茶匙，香油2茶匙，胡椒粉少许

制作过程：

1 将肉末纳碗，加入腌制调料拌匀，腌制10～15分钟备用。

2 香菇用清水浸泡洗净摘除蒂头，虾皮淘洗干净，小葱洗净切末备用。

3 洗净的香菇挤干水分，切条再切丁，斩剁成末备用。

4 将香菇末、小葱末与腌制肉末混合，浇淋香油1茶匙拌匀，制成混合肉馅。

5 将西葫芦洗净，切除两头（有苦味），取中段切成厚度约1厘米的圆片。

6 用挖肉勺或不锈钢圆勺将西葫芦圆片中心瓜瓤部分挖除，撒上一点盐腌制出水。

7 将西葫芦圈拭干水分，轻拍一层薄薄的淀粉（便于黏合肉馅）备用。

8 取适量肉馅酿塞入西葫芦圆圈中，压平压实。

9 鸡蛋磕入碗中，滴入几滴料酒，加入少许盐，胡椒粉搅打均匀，将酿馅生胚放入均匀沾裹蛋液。

10 煎锅烧热注入少许油，四五成油温时将圈圈饼入锅，中小火煎至两面金黄即成。

制作这款圈圈饼，小细节上处理到位很重要。西葫芦酿馅之前，先用点盐"杀"水分，脱水处理后的西葫芦圈再下锅加热时就不易水嗒嗒的影响口感；同时，酿馅前，将西葫芦内圈轻拍一层薄粉，可有效的黏合肉馅，使成品完整划一，不易脱馅。

香酥薯棒棒

便当构成：香酥薯棒棒＋茶叶蛋＋菜心香菇酿＋红枣芝麻蒸米饭＋苹果

周末加班，来一份休闲惬意的午餐便当
——香酥薯棒棒

烤箱开起来！办公室休闲小食轻松做。

今儿是周六，却是个不像周末的周六。为什么？要加班啊！

好在不用早起，不用急哄哄地踩着时间到公司。老板有令，客户资料中午传真到，你们12点前到公司就成。这个点儿加班？好吧，那午餐便当还得带上。

何以解忧，唯有美食！周末加班的午餐便当，来点特别的吧。想一想，有什么能让近期加班加"伤"了的小伙伴们，嗅到丝丝缕缕周末悠闲的气息？什么样的美食能让心境永远18岁的小伙伴们孩童般的哄夺抢食？

香酥薯棒棒，就它！

本小姐家庭厨房出品的薯棒棒，免油炸，借助烤箱来轻松完成，不仅健康少油，而且外酥内嫩的口感丝毫不逊于街面上的大牌快餐店。烤箱开起来，今天的午餐便当我做主！

原料：大土豆2个(约780克)

调料：小葱1小把(约15克)，海盐适量，现磨黑椒碎随意，花椒粉1茶匙，橄榄油1汤匙

制作过程：

1 将土豆刷洗干净控干水分，注意土豆不需要去皮，带皮烤的土豆味更香。

2 先将土豆斜切厚圆片，再用花形刀具切成棒棒长条形。

3 将切好的薯棒条用清水冲洗，以去除部分淀粉质，控干水备用。

4 将小葱洗净，切成葱末备用。

5 将控水后的薯棒条放入大盆中，加入海盐。

6 现磨一些黑椒碎撒入(依据个人口味，喜欢就多放些)，添加花椒粉拌匀。

7 淋入橄榄油1汤匙左右充分拌匀，将葱末也撒入拌匀腌制5～6分钟备用。

8 将烤盘铺垫一层锡纸，锡纸上刷一层薄油(防粘)，将腌制薯棒条平铺盘中。

9 烤箱提前预热，上下火200℃，将烤盘放入，设置20分钟烘烤时间开烤，中途需将烤盘取出将薯棒棒稍加翻动。

10 烘烤20分钟后，将烤盘移至烤箱上层，单开上火250℃，追加烘烤3～5分钟至边角焦香金黄即可。

天籁微语

制作的时候，配料稍加调整，可变化出不同的风味，譬如加入蒜泥或蒜粉，便可制成蒜香薯棒棒；喜欢吃辣的，加入辣椒粉、花椒粉等，制成麻辣、香辣口味的薯棒棒；还可放些西式风味的香料，如迷迭香、罗勒碎等，则又有一番舌尖上的异域风情。家庭厨房DIY(自己动手做)的优势，就是给予“煮妇”无限大的创意空间，尽情发挥！

牛排盖饭

便当构成：牛排盖饭（菲力牛排＋芝麻米饭＋西蓝花、芦笋、红樱桃番茄）＋鸡蓉粟米羹

人生的美味不要辜负
——牛排盖饭

曾经看过一篇文章，作者回忆自己的母亲。当年生活中诸多失意的母亲，孤身一人抚养两个年幼的孩子，打几份工支撑家用。成年后，作者问母亲，那些艰难的日子您是怎么撑过来的？年迈的母亲笑了，脸上带着孩童般狡黠的神情，说道：我啊，每天打完最后一份工，回家之前，都要到XX面馆吃一份最好吃的XX拉面。作者疑惑道：我们怎么不知道？母亲佯装生气，理直气壮地回答：我一个女人养两个孩子容易吗？不吃点好的，怎么有力气干活赚钱，怎么有勇气地活下去？！

美食，能慰藉心灵；美味，能填补生活中的诸多无味甚至无望。不如意的时候，身心俱疲的时候，别忘了给自己做一份热腾腾牛排盖饭，牛肉能给人力量，给人暗夜中前行的勇气！

给点时间，慢慢来，会好的，不是么？

原料：菲力牛排 1 盒(净含量 130 克)

调料：米饭 1 碗，炒香黑芝麻少许，西蓝花 1 小株，芦笋适量，红樱桃番茄 100 克，黄油 1 小块，黑椒汁 20 克

制作过程：

1 将蒸熟的米饭装入饭碗中压平，再倒扣在锡纸盘中。

2 撒上炒香黑芝麻，西蓝花掰成小朵，滚水中汆烫至断生，沥水后围铺在米饭周围。

3 芦笋洗净，选取脆嫩的笋尖部分，同样滚水中汆烫至断生，沥水后铺垫锡纸盘中。

4 成品盒装菲力牛排(已腌制)，常温解冻后拆袋。

5 煎锅大火烧热，倒入食用油润一圈锅后将油倒出，转中火放入黄油，牛排下锅。

6 将牛排两面翻煎 2～5 分钟，煎至个人偏好的程度盛出。

7 将随袋附赠的黑椒酱包打开，将黑椒酱汁挤入锅中，加点点水稀释，大火煮滚收浓。

8 牛排出锅，放置熟食案板分切小块后，铺在盘中芦笋上。

9 将加热好的牛排酱汁浇淋。

10 红樱桃番茄，对半切开，点缀盘面即可趁热食用。

天籁微语

这款便当适合配备有简易厨用空间的上班族。将菜蔬等事先洗好，再带上一盒冰冻牛排至公司或店铺里，中午汆煮、煎制几分钟可完成午餐便当。

菲力牛排：菲力(FILLET)是牛脊上最嫩的肉，也叫嫩牛柳、牛里脊，几乎不含肥膘，因此很受爱吃瘦肉人士的青睐。由于肉质嫩，所以煎成三成熟、五成熟和七成熟皆宜。

对于厨房新手来说，全程制作、烹饪好牛肉是个不小的难题，可以考虑半成品烹调。直接购买超市里的冷冻牛排，只需常温解冻，再入锅煎制就可食用。

洋葱肉末鸡蛋卷

便当构成：洋葱肉末鸡蛋卷＋拌双丝＋玉米粒蒸米饭

接轨早餐桌和便当桌的美味鸡蛋卷——洋葱肉末鸡蛋卷

这道便当在我家的出镜率极高，因为它可以接轨早餐桌和便当桌。

食物也讲鸳鸯配，洋葱和鸡蛋，两样家常的食材从营养互补，到成就美味口感上可谓是强强联手。鸡蛋香郁滑软，基本上不会为人所挑剔，广受欢迎；但洋葱的待遇就不同了，很多人惧怕它特有的辛辣气味，进而对洋葱这种食物敬而远之。其实，单单因为气味不喜就摒弃某种食材是很可惜的，更何况摒弃的是一种营养价值不低，被誉为"菜中皇后"的好食材，而且最新的研究报告指出，洋葱是最能够防止骨质流失的一种蔬菜，何其难得？

珍珠不能被埋没了！因为家里小朋友对洋葱捏鼻子的强烈反应，我曾心一软冷落了洋葱好一些时候，后来开始琢磨，有没有一种方式能让不喜欢洋葱的孩子也爱上洋葱菜？因着孩子最喜欢吃鸡蛋，于是想到了用鸡蛋来做组合。看得到的洋葱会激起孩子本能的抗拒，于是我就把洋葱变形切成丁，碎碎丁。孩子对卷起来的食物向来兴趣浓厚又喜欢香香酥酥的东西，那好吧，我就加鸡蛋，再切丁，再煎卷，于是炮制出了这道让孩子爱不释口的早餐洋葱肉末蛋卷。偶尔一次早餐做多了些，便装了一盒让先生带到公司做午餐便当，没想到，微波加热之后，口感丝毫不打折扣，扑鼻的香气还引来了同事们的哄抢，一道美味便当菜就此诞生。

美食常常在不经意间成就。很高兴，有了这一款接轨早餐桌和便当桌的洋葱肉末鸡蛋卷，让我的清晨时光，可以事半功倍，更从容！

原料：紫皮洋葱 1 个（约 180 克），手剁肉末 120 克，土鸡蛋 5 个

调料：虾皮 1 小撮，鲜酱油 1/2 汤匙，料酒 1 茶匙，糖 1/4 茶匙，盐 1/8 茶匙，胡椒粉少许

制作过程：

1. 将洋葱洗净，切丝再切丁备用。
2. 锅烧热注油，油温起来后将肉末（不用腌制）倒入锅中炒散，炒至出油出香。

3 将洋葱碎丁倒入锅中与肉末一起炒香，锅中淋入鲜酱油 1/2 汤匙炒匀，熄火摊凉。

4 鸡蛋打散，将摊凉的洋葱肉末倒入蛋液中，调入料酒 1 茶匙、糖 1/4 茶匙、盐 1/8 茶匙、胡椒粉少许拌匀。

5 将虾皮用清水淘洗干净，控干水分倒入混合蛋液中。

6 将蛋液与所有材料、调料充分拌匀。

7 平底煎锅烧热下油，油温起来后将混合蛋液倒入锅中。

8 晃动锅身，使蛋液平铺，蛋液底层稍加凝固后，倾斜锅身从高的一边开始卷。

9 一边卷一边上移，将多余的流动蛋液“赶”到锅的下方，直至将所有蛋液卷成圆筒形。

10 将蛋卷整条起锅，放置熟食案板分切成块即可。

1. 切洋葱为什么会掉眼泪？切洋葱掉眼泪不是因为你被感动了，而是洋葱被切开时会释放出蒜胺酸酶，它才是导致你流泪的原因。这种酶和洋葱中的氨基酸发生反应之后，氨基酸转化成次磺酸，次磺酸分子重新排列后成为硫代丙醛-S-氧化物（SPSO）被释放到空气中。这种化学物质接触到眼睛后，会刺激角膜上的游离神经末梢，引发泪腺分泌泪水。

2. 怎么样切洋葱不流泪？看看众位“大神”们的妙招：①戴着泳镜切洋葱；②在切洋葱前，把切菜刀在冷水中浸一会儿，再切时就不会因受挥发物质刺激而流泪了；③将洋葱对半切开后，先泡一下凉水再切，就不会流泪了；④放微波炉里稍微“叮”一下，皮好去，切起来也不流泪；⑤将洋葱浸入热水中 3 分钟后，再切；⑥切洋葱时可以在砧板旁点支蜡烛可以减少洋葱的刺激气味。我个人觉得最方便可行的方法就是，含一大口水，屏住呼吸，快速将洋葱切好并浸入冰水中待用。

炸蛋

便当构成：炸弹＋白灼西蓝花、生菜＋猕猴桃＋黑芝麻蒸米饭＋酸奶

便当盒里全能量的幸福“诈蛋”——炸蛋

家家都有几道传家菜，“炸弹”，便是我家的老传统菜。

这道大丸子菜，在我家有两种称谓，读音一样，都读“zha”，用字却不一样。我家小朋友叫它“大炸蛋”，因其内藏有蛋(鹌鹑蛋)，又是油炸而制成，所以我觉得“大炸蛋”的叫法很OK；我家先生则不然，坚持把它称为“诈蛋”，在他看来，这蛋，似蛋而非全蛋，表面上看似老大一只“蛋”，吃起来就只中心处一枚小到塞牙缝的真鹌鹑蛋，无论如何，有“诈”之嫌疑。

这道“炸蛋”虽形式上有“诈”，但从营养构成上来说，可圈可点。鹌鹑蛋营养之丰富毋庸赘言，鹌鹑蛋之外的其他食材豆腐、鲜肉，配比也很健康，七成豆腐与三成的肉混合搭配，豆香浓郁。豆香、肉香、蛋香，从外到内层层增香，外酥内韧，最后再挂上柠檬味道的酸甜汁，便当盒里一放，红艳艳地勾人食欲，幸福的“诈蛋”便当哦，你要不要也来一份？

原料：鹌鹑蛋10枚，鸡蛋1个，腌制肉末120克，北豆腐1袋(380克)

调料：生姜1小块，大葱1节，小葱2根，番茄酱1汤匙，泰式甜辣酱1汤匙，柠檬汁1/4茶匙，柠檬屑少许

制作过程：

1. 将北豆腐用水冲洗后，放入大纱布袋中拧碎。
2. 纱布袋收口扭紧，将豆腐中的水分挤压出来备用。
3. 大葱、生姜洗净切蓉，混合腌制肉末拌匀。
4. 盆中加入挤干水分的豆腐碎拌匀，将鸡蛋磕入盆中充分搅匀。
5. 鹌鹑蛋煮熟，剥去外壳备用。
6. 手制大丸子：取一团豆腐肉馅放于掌心，将鹌鹑蛋1枚放置中心。

7 再取一团豆腐肉馅盖住鹌鹑蛋。

8 将豆腐肉馅包裹鹌鹑蛋,压实整形成鸡蛋形状。

9 依此做法,将豆腐肉馅与鹌鹑蛋整合成一个个大诈蛋。

10 取一口小锅,倒入食用油加热,油温七成左右时,将"诈蛋"生胚放入油锅中。

11 炸至表皮金黄酥香,捞出控油,依此做法,将一个个"诈蛋"炸制完成。

12 取一餐的用量继续进行下一步,锅内烧热少许油,放入番茄酱、泰式甜辣酱炒匀。

13 添加水,放入柠檬汁及柠檬屑煮至滚起,用水淀粉勾薄芡,煮成芡汁。

14 将炸制好的大"诈蛋"放入锅中,使其滚蘸上汁料即可盛出。

天籁微语

1. 本菜品中腌制肉末做法:取三肥七瘦的肉末,加入生抽1汤匙、老抽1茶匙、蚝油1/2汤匙、白砂糖1/2茶匙、盐1/2茶匙、淀粉1茶匙、香油1茶匙拌匀即可。

2. 怕麻烦的"童鞋"们,可省略步骤12~14,炸好的"诈蛋"直接食用,或配碟番茄酱、泰式甜辣酱蘸食。

3 这道菜品,冷热均可。建议一次可以多做些,取一餐的用量继续进行下一步,其余多做出来的"诈蛋"可以放置冰箱冷藏保存,随取随用。

叉烧肉便当

便当构成：叉烧肉便当＋葱油拌千张丝胡萝卜丝＋海苔饭团＋糖渍番茄＋石榴、香梨

零失手的漂亮便当菜、宴客菜
——叉烧肉便当

周末一家仨看电影，晚餐外食打发。

影院旁边，有一家名气较响的茶餐厅，蜜汁叉烧肉是这家茶餐厅的招牌菜，当即点食一份。果然好味，频频下筷满嘴流汁之际，“明天的便当也搞搞这玩意，馋馋那帮人”——老公提要求。“以娱乐同事、活跃办公室氛围为名，行安抚馋虫之实”——我心如明镜。那就给你来个“看着就眼馋、闻着就嘴颤、想着就指动”的叉烧肉便当吧！

说干就干！上等梅花肉、鲜香叉烧酱……整起！腌制透味的梅花肉在高温的拥抱下发出吱吱的声响，透过烤箱的玻璃门看到附着的酱汁鼓出一个个小泡泡，浓香渐渐弥漫小厨，待表面酱汁收紧，我取出烤盘，继续细致地刷上新的酱汁……

出炉了！

切片刀轻落，首先听到的是那轻轻的”咔吱“声，那是它已经焦黄的表层；慢慢加力，内层的嫩滑传递到我的手上；“太棒了！”我暗自欢呼！

原料：梅花肉1块（约485克），鸡全翅4只（450克）

调料：大蒜5～6瓣；腌制酱料：叉烧酱6汤匙，豉油1汤匙，蜂蜜3/2汤匙，料酒1汤匙，红酒1汤匙，现磨黑胡椒适量

制作过程：

1 梅花肉洗净，放入清水盆中浸泡至血腥水析出（约半小时）。

2 将蒜瓣去皮，用压蒜器或手剁的方式剁成蒜末。

3 取一大碗，将腌制酱料叉烧酱、豉油等依次放入。

4 将剁好的蒜末也加入大碗中，与酱料搅拌均匀。

5 将浸泡后的肉块、鸡翅捞出，控水后用厨用纸巾拭干水分。

6 视梅花肉块的大小，改刀成适宜的大小块状。

7 将改刀好的肉块、鸡翅放入蒜末腌制酱料中，充分拌匀，放入冰箱冷藏腌制过夜。

8 腌制好的肉块、鸡翅取出，均匀涂刷腌制酱汁后，放入预热180℃烤箱内上下火烤制。

9 烤制大约50分钟即成，中途需每隔20分钟左右取出加刷一遍酱汁。

10 将烤好的叉烧肉、鸡翅取出，将叉烧肉放置熟食案板切片即可。

烤制食物，如何鉴别生熟度？

烤到一定程度时可以用一根竹签插试，即将竹签插入肉块或鸡身最肉厚部位，竹签抽出时，无血水带出或粘黏，即表明烤好了。

烤鸡翅便当

便当构成：烧鸡翅＋苦菊菜、红樱桃番茄＋糖渍番茄＋杂豆米饭

一次性搞定两份便当菜——烤鸡翅便当

办公室里友谊弥足珍贵。

同事小雯对烤鸡翅情有独钟，从小到大吃不厌，每每看到烤翅，就小孩子般的手舞足蹈，笑靥如花；而我们三人组里的另一同事叶子，对鸡翅她不感兴趣，却对叉烧肉垂涎三尺，牵肠又挂肚。

这个月正逢工作组最繁忙的时候，我却不幸流感中招，告病在家休整了几日，本该我完成的工作都转嫁到两位闺蜜头上，累她们加班加点辛苦了一番。今天是病愈后上班的第一天，我要给亲爱的小伙伴们带便当，用美味便当表达我对她们的谢意。

烤箱开动起来，厨房工作也能搞批发，叉烧肉便当、烤鸡翅便当，一"炉"两出，一次性搞定两份便当菜！

原料：鸡全翅4只(450克)，梅花肉1块(约485克)

调料：大蒜5～6瓣；腌制酱料：叉烧酱6汤匙，豉油1汤匙，蜂蜜3/2汤匙，料酒1汤匙，红酒1汤匙，现磨黑胡椒适量

制作过程：

1 准备好材料：鸡全翅4只，梅花肉，蒜瓣、叉烧酱等。

2 将鸡翅及梅花肉洗净，用清水浸泡至血腥水析出(约半小时)。

3 将蒜瓣去皮，用压蒜器或手剁成蒜蓉放置大碗中，调入腌制酱料搅匀。

4 将鸡翅、肉块捞出，控水后用厨用纸巾拭干水分。

5 将拭干水分的鸡翅、肉块放入蒜蓉腌制酱料中，充分拌匀。

6 将浸没在酱汁里鸡翅、肉块密闭搁置冰箱冷藏，腌制过夜。

7 将腌制过夜的鸡翅、肉块取出，均匀涂刷腌制酱汁后放入预热180℃的烤箱内烤制。

8 上下火烤制20分钟后取出，将鸡全翅的翅尖部分用锡纸包裹保护(皮肉少易烤煳)。

9 再次涂刷酱汁后，翻个面将鸡翅及肉块再入烤箱烤制。

10 继续烤制30分钟左右即成，中途最好再加涂一次酱汁，色、味会更均匀。

1. 烤翅嗜好者，制作本道烤箱菜时，可将梅花肉用四只鸡全翅替代，调料分量不变；也可以将叉烧酱换成各种风味的烤肉酱腌制使用，或加入孜然、迷迭香等喜欢的香料。

2. 烤制鸡全翅，要特别注意翅尖部分，皮肉少易烤煳，所以要注意观察，烤到已经干香的时候要将翅尖用锡纸包裹保护，以保证成品烤翅的色相及口感一致。

卤水鸽

便当构成：卤水鸽＋洋葱鸡蛋卷＋椒盐土豆沙拉＋莲米蒸米饭

慢下来，细细品味生活的真香
——卤水鸽

他怎么啦？

这些天的他明显有些烦躁、焦虑……是同事间沟通出了状况？是碰到了难缠的客户？还是突如其来的工作变动让他乱了节奏？

“慢下来，我要为他做点什么！”

生活百味！有多少人能够不时放缓那匆忙的脚步，停下来，歇一歇、慢下来，细细咀嚼、细细品味其中滋味？酸，让人平静！甜，让人快乐！苦，让人清醒！辣，让人振奋！咸，让人宽厚！舌尖上的“酸甜苦辣咸”五味常在，品味生活的真香！

有条不紊地在锅中添加一味味香料、卤料、调料，静静地守候着浓汁翻滚，我的心，仿佛能感知到各种美味正在缓缓析出、渗入、融合……这是一道用心烹制的精致小菜，浓浓的卤汁包裹着酥软鲜香的鸽肉，醇厚的香气四溢飘散。老公，希望您能在中午这难得的歇息时间，慢下来，跟工作伙伴们慢慢地享用，一边闲聊一边慢慢的嘬啃。

或许这是一个女人的本能，当你心里装着一个人的时候，可能你自己都没意识到，你能为他做的，可以更多可以更好，就像这道让他拥有闲适心情的小菜，没有人比你做得更美味。

原料：鸽子1只

调料：生姜1块，大葱1节，小葱2根，老抽小半碗，生抽2汤匙，冰糖5粒，盐1茶匙；卤煮香辛料：八角2个，桂皮1小块，良姜1块，香叶2片，白芷2片，陈皮1小片，小茴香、花椒粒少许

制作过程：

1 生姜切片，大葱切段，卤煮香辛料用温水稍加浸泡淘洗干净，炒锅烧热注油，将所有材料下锅煸炒。

2 葱姜及香辛料煸香后，锅内注入清水煮开。

3 锅中调入老抽小半碗、生抽2汤匙、冰糖5粒、盐1茶匙。

4 将调料与香辛卤料一同煮开锅。

5 将卤水汁倒入沙锅中，继续中小火熬煮，使其香味浓郁。

6 架一锅清水煮开，将鸽子洗净后放入锅中汆水，颜色泛白后捞出。

7 将鸽子凉水冲洗干净，特别是要将腹腔内脏淘洗干净。

8 将鸽子放入卤水锅中卤制。

9 大火煮20分钟后熄火，加盖焖焗10分钟。

10 将卤鸽捞出，稍加摊凉后，斩切成块，即可装盒。

天籁微语

1. 民间自古有“一鸽胜九鸡”的说法。鸽子的营养价值极高，既是美味佳肴又是滋补佳品，药食同源。中医学认为鸽肉有补肝壮肾、益气补血、清热解毒、生津止渴等功效。食用高蛋白、低脂肪的鸽肉，还具健脑补神，提高记忆力等作用。

2. 鸽子体量小肉质细嫩，所以卤煮的时间不能过长，以免肉质太老。前期先煸炒、熬煮香辛卤料，至卤水汁香味浓郁时再将鸽子放入卤煮，卤煮之后增加“焖焗”的步骤可使其卤香透味。

咖喱什锦牛腩

便当构成：咖喱什锦牛腩＋芝麻蒸米饭＋糖醋水萝卜＋甜枣

懒主妇出手必赢的招牌便当——咖喱什锦牛腩

又是一年咖喱季，风靡全球的金黄色旋风带着浓浓的异域风情席卷而来。

咖喱是具有千年历史的古老料理。“咖喱”一词来源于泰米尔语，就是“把许多香料加在一起煮”的意思。其独特的香味源于小茴香、肉桂、八角、姜黄粉、沙姜粉、香菜、丁香、豆蔻、郁金粉、香茅等香辛料；辣味则来自红辣椒、黑辣椒、姜、蒜及芥末等。这些迥异不同的香料汇集在一起，构成各色咖喱料理异彩纷呈的浓郁香味。

作为一种耐尝级世界级美食料理，咖喱的种类不胜枚举：以国家来划分，其源地就有印度、斯里兰卡、泰国、新加坡、马来西亚等。以颜色来分，又有红、青、黄、白等之别，根据配料细节上的不同来区分种类的咖喱有十多种之多。辛香的咖喱在辣度上细分有着多种等级：一级为甜且不辣；二级小辣，又称普通辣；三级为中辣，适合对辣稍能忍受者；四级为重辣，适合喜好辣味的人品尝；五级为超重辣，适合于对辣容忍度超高的人士，一般人不建议体验此“酷刑”。咖喱在形式变化上更有液状、颗粒状和粉末状之分，也即我们俗称的咖喱酱、咖喱块、咖喱粉等。

手边有一盒加热即可进食的方便咖喱块，懒主妇可以随时出品一份出手必赢的招牌便当饭，莹白如玉的白米饭，浇上一勺金黄醇香的咖喱，香喷喷的咖喱什锦牛腩饭，您一盒够不够？做这道菜别忘了准备一罐椰浆哦，椰浆，是咖喱菜出彩的点睛之笔！

原料：制熟牛腩1碗（净重250克），黄金咖喱1盒（100克），土豆1个，胡萝卜2个，洋葱1/2个，彩椒1/2个

调料：生姜1块，大葱1节，椰浆1罐（400毫升）

制作过程：

1 土豆洗净去皮切滚刀块，胡萝卜去皮切滚刀块。

2 生姜切末，大葱洗净切末，洋葱洗净切片，用手将洋葱片剥离备用。

3 炒锅烧热注油，四五成油温时将胡萝卜块、土豆块下锅煎制。

4 煎至表皮焦香拨至锅边，就着锅内底油将姜末葱末倒入锅中煸香。

5 将洋葱片倒入锅中，与锅中材料大火翻炒均匀。

6 洋葱炒至软身出香时，将牛腩块及汤汁一同倒入锅中。

7 开启椰浆，将整罐椰浆倒入锅中。

8 锅中所有材料混合均匀煮开锅，转中火加盖焖煮。

9 焖煮至材料熟软，暂熄火，将咖喱块掰开入锅，捣碎使其融化。

10 开小火炖煮5分钟左右至稠浓即成，其间需要用锅铲搅动食材使挂汁均匀并避免煳底。

1. 这又是一个“一菜两吃”的范例，制熟的牛腩一分为二，一半制作酸酸甜甜的番茄炖牛腩；留出的另一半便做了这道开胃提神的咖喱什锦牛腩（制熟牛腩的做法详见第100页的番茄炖牛腩）。

2. 椰浆是咖喱的绝配，烹制咖喱料理时添加椰浆，既降低了咖喱的辛辣味，又使得香味更浓郁温和入口更甘甜。

3. 咖喱起源于印度，印度人认为，吃咖喱可以消炎、抗衰老；可调味、瘦身、帮助消化。

方便快捷只是它的形式，营养全面才是它的意义。料理没有你想象的那么麻烦，只需要你从『沙发土豆』的状态下挣脱出来，走进超市，往购物篮中扔进食材，再回到厨房，系上围裙，就成功了一半。十分钟，一杯咖啡或一杯喜欢的饮料时间，就可以完成一份全能量的甜蜜便当。还等什么呢，开动吧！

PART 6

十分钟就能搞定的便携式甜蜜便当

火腿西多士

便当构成：火腿西多士＋橄榄油拌水煮西蓝花＋石榴＋莲米

酥软诱人的便携式午餐便当——火腿西多士

这是一款便携式懒人便当，不小心睡过了头的早晨也赶得及制作。

西多士，英文Frenchtoast，也叫西式多士简称“西多”。这款大小茶餐厅里的热门餐食，也极其适合家庭制作。基础做法是将吐司片夹上芝士片，再沾裹上蛋奶液，下锅香煎即可，或甜或咸，依据个人口味自由发挥的空间极大。喜欢香甜口味的，出锅后可趁热抹上牛油、奶油，上桌后淋上炼乳或者糖浆；喜欢咸口味，火腿、培根等方便食材是很好的配材选择。作为午餐便当，我更倾向于咸味的火腿西多士，有肉的午餐便当更给力哈。

咬一口奶香浓郁酥软诱人，芝士的细滑，火腿的咸鲜，吐司的焦香，种种风味交融，在唇齿间完美演绎。做法如此简单快捷，口感却不打折扣，无怪乎成为一款经典的便携式懒人便当。

原料：白吐司2片，火腿片2片，芝士片1片，鸡蛋1个

调料：白糖1茶匙，牛奶20毫升

制作过程：

1. 鸡蛋磕入碗中打散，加入牛奶、白糖搅打均匀。
2. 将白吐司片切去四边备用。
3. 平底煎锅烧热，不用放油，将两片火腿排入锅中，煎至出油表面金黄焦香盛出。
4. 两片吐司为一组，取一片吐司垫底，以火腿片—芝士片—火腿片—吐司的顺序叠放好。
5. 将叠放组合好的吐司浸入牛奶蛋液中，浸透一面再浸另一面，使其充分包裹蛋奶液。
6. 煎锅注入橄榄油加热，将浸裹蛋奶液的吐司放入。
7. 小火煎至定型焦香倒个面，将另一面吐司也煎香，煎的过程中，用锅铲将四条边压一压使边缘沾合更牢固。
8. 煎好的西多士用吸油纸吸去多余的油分，沿对角线切开即可。

1

2

3 4 5 6 7 8

天籁微语

1. 吐司切掉的边角也别浪费哦，用制作西多士剩余的蛋奶液沾裹后，同法煎香，酥酥脆脆的一同装入便当盒，权当随餐小零嘴也很不错的。如若怕主食分量不够又怕热量过高，制作这款午餐便当时，还可再追加一片白吐司，单独煎香后切三角形一起装盒。

2. 小火煎制的过程中，要注意用锅铲将土司的四条边压一压，里层芝士融化，再加上外层蛋液的凝固，煎好的西多士边缘自然就紧紧黏合在一起了，不论怎么切火腿都不会漏出来。

牛排芝士汉堡

便当构成：牛排芝士汉堡＋酸奶

汉煲也疯狂
——牛排芝士汉堡

牛排汉堡，吃起来有西部式的豪迈。男孩子，恐怕没有几个不为牛排汉堡疯狂的！

每个周六，我就像一名“肉食动物”饲养员，要用料足到疯狂的牛排芝士汉堡，打点家里一大一小两男孩。两个男孩子，大的，是我表弟，是小男孩的表舅舅，小的，我儿子也是大男孩的小外甥。他俩的周六，从时间到地点交集缠绕，小男孩课外补习的地点，跟大男孩周六兼职打工的地方，在同一座大厦的同一层楼，于是时间紧凑的午餐便当，就统一由我接收操办了。

难得两人口味如此相近，因而每周六的一份兼职上班族午餐便当与一份课外补习学生便当，基本锁定——牛排芝士汉堡！牛排是补益佳品，含丰富的蛋白质，氨基酸组成比猪肉更能贴近人体的需要，滋养脾胃、强健筋骨。

男孩们喜欢，“煮妇”也不小气，牛排夹双层的，各色的菜蔬多多益善。掐算好他俩下班、下课的点，煎制牛排，组合汉堡，打包出门……算准了时间制作的牛排芝士汉堡，送到他们手中揭开时，热度正好口感最佳！擦擦额头上的汗，我容易吗，哪家餐厅外卖会比我更用心？

原料：特选级牛排1袋(150克)，芝士片1片，汉堡胚(上下两片)

调料：沙拉酱、红彩椒、黄彩椒、洋葱、黄瓜、生菜叶等适量

制作过程：

1 将黄瓜洗净切片，黄彩椒洗净切片。

2 将洋葱洗净，横切后把洋葱圈分离备用；红彩椒洗净切片，生菜叶洗净控干水。

3 将冷冻牛排提前取出，常温解冻后分切成汉堡胚大小的两块，入煎锅煎制。

4 将牛排两面煎至个人喜欢的熟度，淋入牛排黑椒汁。

5 汉堡胚垫底，先铺上一片生菜叶，取一块煎熟浇汁牛排铺上。

6 牛排之上依据个人口味堆放食材，摆放洋葱圈、红黄甜椒圈。

7 将芝士片铺上，再加盖一块浇汁牛排。

8 牛排之上继续堆放材料，堆放黄瓜片、洋葱圈，可依据口味挤上一些沙拉酱。

9 再盖上一片生菜叶。

10 最后，将上层汉堡胚盖在生菜叶上，即告完工。

天籁微语

本道菜谱中用到的牛排为“特选级”牛排。牛排以品质的不同分成八个级别，分别是极佳级(Prime)、特选级(Choice)、可选级(Select)、标准级(Standard)、商业级(Commercial)、食用级(Utility)、切块级(Cutler)及罐装级(Canner)等。其中最优质牛排依次为Prime、Choice，和Select三种。

牛肉的品质，取决于牛的年龄、脂肪混杂的程度、肉质的紧致和纹理状况、肉的色泽与外观等等。通常仅有2%的牛肉能被评为Prime，超市所卖的牛肉80%属于特选级牛排。

自制汉堡用到的汉堡胚(上下两片)，可以自己烤箱烤制，也可在大型超市面包坊直接购买。

烤肠鸡蛋饼

便当构成：烤肠鸡蛋饼＋生菜紫甘蓝＋苹果＋香草咖啡

让午餐吃什么不再成为负担——烤肠鸡蛋饼

吃腻了米饭加菜组合的午餐便当，换换口味，便当盒里来点粉面食吧！

这道烤肠鸡蛋饼配蔬菜的便当能够入选我的午餐便当食谱，并跻身最受欢迎“便当十强”行列，细说起来还是我家小朋友的功劳呢。

在我家小朋友的美食字典里，外酥内软，蛋香浓郁的鸡蛋饼是排名第一的早餐饼，周周吃，甚至天天吃都不腻口。孩子爱吃妈妈就爱做，某一天的早餐，同样是安排鸡蛋饼的内容，并在早餐制作的同时，见缝插针将我自己的午餐便当煮鸡蛋三明治快速做好，做好的三明治还来不及装便当盒，就顺手和早餐卷饼一起都摆放在餐桌上，把孩子叫起床后我自己就忙着梳洗着装去了，结果等回到餐桌一看，睡眼惺忪的小朋友已经把我的午餐便当当作早餐消灭了。摇头笑叹这个小糊涂蛋，但看看时间已经来不及再做一份了，将错就错吧，急急地将桌上的鸡蛋饼和洗净的生菜打包便当盒，心里犯嘀咕，不知道这饼中午再加热味道怎样？

没想到，将错就错，也不错！中午把微波加热后的鸡蛋饼用脆生菜一卷，抹了一点自己喜欢的甜面酱，咬一口，虽然少了点刚出锅时的酥脆，但绵软适口，细腻香美，再配上一杯牛奶酸奶或咖啡，加上一只苹果，午餐便当美味、营养都不差了。

原料：面粉 250 克，鸡蛋 2 个，小烤肠 48 克，炒香黑芝麻随意

调料：小葱 10 克，精盐 1/2 茶匙，白糖 1/4 茶匙，五香粉 1/4 茶匙，胡椒粉少许，香油 1/2 茶匙

制作过程：

1 将面粉放入大碗中，分次加入清水调和。

2 加水调至面糊用勺舀起，流坠顺畅成缎带状时即可。

3 面糊中调入精盐 1/2 茶匙、白糖 1/4 茶匙、五香粉 1/4 茶匙、胡椒粉少许搅拌均匀，淋入 1/2 茶匙香油搅匀。

4 鸡蛋去壳搅打均匀，将鸡蛋液倒入面糊中，充分搅匀。

5 将烤香肠切薄圆片，小葱洗净切末备用。

6 将全部烤香肠片以及一大半的葱末倒入盆中，撒上一小把黑芝麻搅匀。

7 煎锅烧热刷上一层薄油，将适量的面糊舀入锅中。

8 转动锅身使面糊平铺锅底，趁面糊未完全凝固之时，将预留的葱末及芝麻撒点上去。

9 注意观察锅中面糊，中心部分开始变色面饼凝固成型时，轻轻晃动锅身借助锅铲将面饼翻面，将蛋饼的另一面也煎至金黄焦香。

10 将两面煎香的蛋饼起锅，依此做法将所有蛋饼摊好，分切装入便当盒，食用时搭配新鲜蔬菜卷食。

这款鸡蛋饼，还可以制作“无油版”的。前期制作都一样，不同在于，面糊煎制的这一步，选用不粘锅具，锅内不放油，烧热锅后将面糊直接放入摊制，一面成形后再翻转煎制。口感上比较起来，无油版的蛋饼会少了些薄脆，但是油脂摄入少更益于健康。

鸡蛋饼的配料，还可以依据家人喜欢进行调整，如将烤肠换成培根、火腿或肉末，或者还可以做素一点的，增加茄子、西葫芦等蔬菜瓜果进去，味道都不赖。

煮鸡蛋三明治便当

便当构成：煮鸡蛋三明治便当＋酸奶、咖啡＋柳橙

狂甩冬膘
——煮鸡蛋三明治便当

这款便携式的午餐便当，就是为急需控制体重，塑身美体的职场“美眉”们量身定制。洋葱、红彩椒、黄彩椒、豆苗、生菜叶、紫甘蓝，丰富的维生素和植物纤维强力补充，让你水嫩嫩的同时，排毒养颜，纤体消脂。水煮鸡蛋的功效就不用说了，补充身体所需的优质蛋白质，让你更有劲儿地去减肥，那么三明治中的另一主角，土豆呢？它不增肥还能减肥？

你可别不信，营养学家们告诉你：令人发胖的不是土豆本身，而是它吸收的油脂。有测定数据，一个中等大小的不放油的烤土豆仅含约 376.56 千焦（90 千卡）热量，而同一个土豆做成炸薯条后所含的热能达 836.8 千焦（200 千卡）以上。可见，令人发胖的不是土豆本身，而是它超强吸收的油脂。

土豆含水量高达 76%以上，真正的淀粉含量不到 20%，含有丰富的能够产生饱腹感的“膳食纤维”，清肠排毒刮脂。从营养价值来说，土豆是一种碱性素菜，有利于体内酸碱平衡，调整体质，长期食用可以变身碱性易瘦体质。同时，它又是非常好的高钾低钠食品，很适合水肿型肥胖者食用，加上其钾含量丰富，几乎是蔬菜中最高的，所以还具有瘦腿的功效。此外，土豆还含有多种维生素以及抗氧化的多酚类成分，能帮助体重减轻。

营养如此全面的好食材怎能让人不爱？难怪莎士比亚曾借他剧中的一位主人公之口大声祈求道：“让老天下土豆雨吧！”

原料：土鸡蛋 3 个，土豆 2 个，白吐司 3 片

调料：洋葱、红彩椒、黄彩椒、豆苗、生菜叶、紫甘蓝等适量，盐少许，现磨黑椒碎适量，橄榄油 1 茶匙，沙拉酱适量

制作过程：

1 土豆洗净控水放入保鲜袋中，用竹签在袋上扎个小孔，将土豆放入微波炉中高火“叮”熟

（约 8 分钟）。

2 把鸡蛋外壳洗净，放入冷水锅中开火煮熟。

3 取适量蔬菜洗净分切：洋葱切丝，黄红彩椒切丝，紫甘蓝切丝，将生菜手撕碎片状。

4 将三片白吐司放置熟食板，切掉四边备用。

5 微波制熟的土豆取出，将薯皮剥除放入大碗中，煮熟的鸡蛋也去壳放入大碗中。

6 用叉子将土豆及煮鸡蛋捣碎，尽量捣碎些，以方便后续夹馅。

7 将前面处理好的各色菜蔬，洋葱彩椒紫甘蓝等倒入大碗中，生菜叶也加入。

8 大碗中调入盐少许，现磨黑椒碎，淋入橄榄油 1 茶匙，挤上沙拉酱混合拌匀。

9 一片土司垫底，将拌好的鸡蛋土豆馅铺满，盖上一片土司。

10 继续将鸡蛋土豆内馅铺满土司片。

11 将第三片土司盖上，四方形的煮鸡蛋三明治便做好。

12 为便于入口食用，将四方形煮鸡蛋三明治，沿对角线切一刀，一分为二。

天籁微语

1. 土豆，是马铃薯的别名，除了可以使用微波炉“叮”熟之外，也可以选择放入蒸锅隔水蒸熟。但无论哪种做法，都建议不削皮，连皮一起“叮”或蒸，带皮制熟的土豆会特别的香。制熟的土豆极易剥皮，使用前将土豆外皮一撕就掉。

2. 自制煮鸡蛋三明治便当，除了主角鸡蛋，土豆之外，什锦菜蔬材料自由度很大，可以根据个人口味任意选择、组合，食材色彩丰富便当营养就更全面。拌制夹面包片的内馅时，除了沙拉酱，也可使用蛋黄酱、酸奶、炼乳等等，或者其他自己喜欢的酱汁。

什锦法棍

便当构成：什锦法棍

用法棍来演绎一道午餐便当
——什锦法棍

法棍，我以前不碰，用法棍来演绎一道午餐便当，以前的我会觉得匪夷所思。

但世间万事，没有绝对！比如现在，此刻，我就坐在自己的办公桌前悠然地享用着这份什锦法棍便当。

三十岁以后，许多改变是悄然而至的。

心境、心态、性情、口味，不知不觉都在变化着。特别是口味，不知是从哪天开始，执著于一碗寡淡的清粥，捧在手上，一口一口地喝下去，竟可以品出百般的回味；那些打小不染指的食材，如瓜藤、青苦瓜，如今每每看到它手就不自禁地伸向它，甚至于在烹煮的时候，刻意地不去做那些能让它的苦变淡的工序，享受着一口苦涩之后的丝缕甘甜；那一堆堆花花绿绿的饮料握在手边的情形也很少有了，一个人的时候喜欢用一只透明的玻璃杯冲茶，转着杯子看那茶叶儿一片片地立起来，看那汤色从浅变深，从深变浅……

或许人和林子里的树一样，穿透清风浮云的迷离，每天朝着太阳的方向前进一点，伸展一点，浑然不觉当中，时光一点一点研磨出一圈又一圈的年轮，缓缓地日子滑过。

原料：法棍 1/3 根，紫甘蓝适量，番茄 1 个，甜玉米粒 25 克，生菜适量

调料：蒜瓣 2 粒，有盐黄油 1 小块，橄榄油 1 茶匙，现磨黑椒碎适量，椒盐适量

制作过程：

1. 将甜玉米粒洗净，入沸水锅中汆烫至断生。
2. 将紫甘蓝浸泡洗净，切条丝状备用。
3. 番茄洗净，用刀尖在顶部轻轻画十字刀，放入热水锅中稍烫。
4. 烫过的番茄可轻松将外皮剥除，将去皮番茄剖开，掏除中心的汁瓤，将茄肉切碎丁。
5. 将处理过的玉米粒、茄丁、紫甘蓝丝放入大碗中，调入橄榄油拌匀，现磨黑胡椒碎加入。
6. 将洗净的生菜叶，手撕成碎片也加入到大碗中。
7. 将大蒜去皮，切成蒜蓉；将法棍切片备用。
8. 将平底煎锅烧热，放入黄油加热使其融化。
9. 将法棍的放入锅中，切口朝下煎香。
10. 换个面再煎，将两面煎香即可。
11. 煎好的法棍片匀地涂抹蒜蓉，两面都涂抹。
12. 在涂抹蒜蓉的法棍上堆放之前制好的什锦材料，食用时撒上椒盐即可。

这款什锦法棍是比较咸的，使用了有盐黄油、椒盐、黑椒碎、橄榄油等调味。依据个人口味，法棍片也可以做成香甜口味的，使用糖浆、奶油、芝士、炼乳，或各式果酱等等自由组合搭配完成。

法棍片可以使用平底煎锅来煎制，如本文，也可以刷黄油后放入烤箱烤制，效果都不错。

海苔饭团

便当构成：海苔饭团＋芦笋培根卷＋鹌鹑蛋＋桃仁＋火龙果

秀色可餐，我的饭团我做主
——海苔饭团

忙得没有时间做菜煲汤，我的午餐便当怎么办？

那就因陋就简，给自己一个小惊喜，煮一锅米饭捏饭团吧！将热腾腾的米饭变化造型捏成各式饭团，放入便当盒中，配上水果、坚果、水煮蛋，一份秀色可餐的饭团便当便呈现眼前，营养又美味，一定会让你和你的小伙伴们食指大动。

我的饭团我做主。除了最基本款的白米饭裹海苔饭团，你还可以开动马达，做出种种个人风格的花式饭团。夹"心"的饭团创意无限，嗯，喜欢芝士火腿的，就来份西式饭团吧，米饭中拌入芝士丝，火腿丝，撒点点盐拌匀，挤上美乃滋或番茄酱即成；中式口味的饭团取料就更广泛了，沙拉菜饭团，三文鱼碎饭团，椒盐卤肉饭团也不错哈；甚至你还可以给饭团穿件漂亮的外"衣"，浅黄色的卷心菜裹饭团，深绿色的菠菜裹饭团，靓蓝色的紫甘蓝菜裹饭团……五颜六色的饭团外衣任你换。只要你愿意，饭团上还可以刷上独门酱汤，放入烤箱或烤面包炉中制成金黄香酥的烤饭团。

便当每天做，与其苦兮兮，不如乐呵呵。怀着快乐的心情做出来的便当，最美味！

原料:烤海苔5片,熟米饭适量,培根2条,芦笋5根,鹌鹑蛋5枚,核桃仁适量,火龙果1/2个,生菜叶适量

调料:盐少许,淀粉适量

制作过程:

1 准备好饭团制作材料:蒸熟的温热米饭,以及烤海苔片。

2 将手洗净,手指尖蘸上适量的盐,左手掌呈内圆形取适量米饭放入,来回转动,同时右手帮助用力按捏,形成稻草包形。

3 用烤海苔片包裹饭团的中部,使其与饭团黏合,依次将海苔饭团制好。

4 便当盒用洗净晾干的生菜叶垫底,将制好的海苔饭团摆放入盒中。

5 芦笋洗净,选取脆嫩的笋尖部分使用,每片培根分切成2~3段备用。

6 将芦笋尖包卷入培根中,收尾部分撒一点淀粉捏紧,将芦笋培根卷入煎锅煎熟。

7 将稍加摊凉的芦笋培根卷放入便当盒中,摆放整齐。

8 核桃仁烤箱低温烤香,放入包装纸杯中,也塞入木质便当盒中。

9 将火龙果洗净,切块后放入便当盒中。

10 鹌鹑蛋洗净,入锅水煮制熟捞出,待凉后也塞入便当盒两头,便当即告完成。

天籁微语

饭团制作三点注意事项:①捏饭团的米饭,软硬要适宜。米饭粒过软,整个饭团吃起来就会没有嚼劲儿;如若过硬,则粘合度不够不易成形。②捏饭团之前,要将双手彻底洗净揩干。准备一碗凉白开,用水将手掌略微沾湿再取用米饭粒捏制造型。③饭团的造型,常见的有圆形、四方形、三角形饭团、稻草包形、心形、花瓣形饭团等,可以手工捏制,也可购买模具完成。

香蕉花生酱吐司

便当构成:香蕉花生酱吐司+猕猴桃+红枣茶

用封存的甜蜜制作一份舒“压”午餐便当
——香蕉花生酱吐司

八月桂花香,房前屋后成排成行的桂树花事繁盛,馨香四溢。

花开堪折直须折,莫待无花空折枝。桂花娇嫩花期短,一轮风雨过后,那散落一地的衰败就成了留不住的甜蜜!这些年每到桂花含苞欲放之时,我都会抓紧时间采摘鲜桂花做时令美食,桂花饼、桂花糕,做桂花蜜更是少不了的,将一季的甜蜜封存起来,慢慢享用到来年。

压力越来越大的现代生活中,保持平和和从容的心境并非易事。心情不太美丽的时候怎么办?试试吧,一定有这样一份食物,可以透过你的视觉、你的味蕾,轻触你的心灵,舒压解乏,让你重拾快乐。香蕉,肉质柔滑而香甜,欧洲人因它能解除忧郁称它为“快乐水果”、“智慧之果”。香蕉富含的镁元素可以让人心情美好,有很好的舒压、缓解不良情绪的作用。

就用快乐水果“香蕉”做一份舒“压”午餐便当——香蕉花生酱吐司。翻出上一季封存的甜蜜,浇淋在香蕉上,细腻香滑,精致而雅丽。在这悠闲、静谧的午后时光,品着一口从舌尖香到了胃里的精致午餐便当,把一些年少时拥有的,或许也是放大了的感伤重温在心头,暖着它,守着它,不愿它凋谢……

原料:全麦吐司 4 片,香蕉 1~2 根,鸡蛋 2 个,火腿 2 片

调料:桂花蜜 1 汤匙,花生酱适量,黄油 1 小块,烤香杏仁片随意

制作过程:

1 将鸡蛋煎熟(煎的时候用锅铲将蛋黄戳破,使蛋面平整),将火腿也煎香备用。

2 把全麦吐司切去四条硬边备用。

3 两片为一组,将土司单面涂抹上花生酱。

4 土司片涂抹的花生酱上面再撒上一层烤香杏仁片。

5 将煎鸡蛋平铺在上面。

6 将煎香火腿片铺在鸡蛋上面,另一张吐司片也单边抹花生酱,涂酱面朝下盖住馅料。

7 香蕉剥皮后切厚圆片。

8 煎锅烧热用食用油润锅后倒出,再放入黄油烧热,将香蕉厚片放入锅中。

9 煎至香蕉片双面金黄焦香时,将桂花蜜倒入锅中,使煎香的香蕉片均匀沾裹上蜜汁。

10 将煎好的蜜汁香蕉片铺排在吐司最上层,撒些蔬菜饰面即可。

条件允许,方便采摘的情况下可以试试家庭自制桂花蜜,做法如下:

将鲜桂花采摘过筛后,进行分拣:剔除花梗、树叶等杂物以及发蔫衰败的桂花,撒上盐稍加腌制,杀菌消毒并使花瓣脱水。准备好高温消毒过的容器,一层桂花一层蜂蜜,再一层桂花一层蜂蜜,直至将容器装满,封瓶之前再浇上一圈蜂蜜。瓶口密闭保存,待瓶中桂花发酵回甘之后即可食用。

带着便当去上班！